新疆农业职业技术学院现代学徒制试点学徒岗位教材

种子检验员学徒岗位手册

王新燕　王金玲　主编

中国农业大学出版社
·北京·

内 容 简 介

本教材由行业、企业、高等职业院校三方技术专家共同编写。编写团队从种子检验员职业岗位工作任务入手，根据相关国家标准与企业具体工作任务确定教学内容，按照职业岗位工作过程及从业能力、资格要求，设计制定课程标准，并在此基础上编写本教材。本教材内容丰富，以种子检验员的实际工作流程为依据，详细介绍了种子扦样检验、种子室内检验、种子田间检验等内容。本教材既能用于职业院校相关专业课程教学，也适合作为种子生产、检验、贸易等相关企业一线工作人员的工作手册。

图书在版编目(CIP)数据

种子检验员学徒岗位手册/王新燕，王金玲主编. —北京：中国农业大学出版社，2021.5

ISBN 978-7-5655-2550-6

Ⅰ.①种… Ⅱ.①王… ②王… Ⅲ.①种子-检验-高等职业教育-教材 Ⅳ.①S339.3

中国版本图书馆 CIP 数据核字(2021)第 094046 号

书　　名 种子检验员学徒岗位手册

作　　者 王新燕　王金玲　主编

策划编辑 郭建鑫　张　蕊　　**责任编辑** 郭建鑫

封面设计 郑　川

出版发行 中国农业大学出版社

社　　址 北京市海淀区圆明园西路 2 号　　**邮政编码** 100193

电　　话 发行部 010-62733489,1190　　读者服务部 010-62732336

编辑部 010-62732617,2618　　出　版　部 010-62733440

网　　址 http://www.caupress.cn　　**E-mail** cbsszs@cau.edu.cn

经　　销 新华书店

印　　刷 涿州市星河印刷有限公司

版　　次 2021 年 6 月第 1 版　　2021 年 6 月第 1 次印刷

规　　格 787×1092　　16 开本　　16 印张　　330 千字

定　　价 48.00 元

编审人员

主　编　王新燕（新疆农业职业技术学院）

王金玲（新疆农业职业技术学院）

副主编　李　瑜（新疆农业职业技术学院）

李　曼（新疆维吾尔自治区种业发展中心）

参　编　杨卫军（新疆广宇科技发展有限公司）

杨军善（新疆华西种业有限公司）

靳改龙（新疆农业职业技术学院）

何丽萍（云南农业大学）

马　兰（新疆伊斯特种业有限公司）

赵志兰（新疆华西种业有限公司）

袁　静（九圣禾农业发展有限公司）

王文玉（九圣禾农业发展有限公司）

贺娟娟（新疆维吾尔自治区种业发展中心）

朱文文（新疆维吾尔自治区种业发展中心）

赵文霞（新疆维吾尔自治区种业发展中心）

高　翔（新疆维吾尔自治区种业发展中心）

王长海（九圣禾农业发展有限公司）

主　审　王海波（新疆农业职业技术学院）

史　梅（新疆农业职业技术学院）

前　言

种子是现代农业的“芯片”，农业最大的威胁之一就是播下的种子没有生产潜力。开展种子检验工作不仅是为了在播种前评定种子质量的优劣，杜绝使用伪劣种子播种，还能为种子生产者、加工者、仓库管理员、种子经营者、农民、认证机构和政府种子管理部门提供种子质量信息，以便管理好、用好种子，使农业获得高产、优质和高效的收成。

本教材由行业、企业、高等职业院校三方技术专家共同编写。本教材从种子检验员职业岗位工作任务入手，根据相关国家标准与企业具体工作任务确定教学内容，按照职业岗位工作过程及从业职业能力、资格要求，设计制定课程标准，并在此基础上编写而成。

本教材具有以下特点：

1. 以检验员岗位工作任务为导向，教学内容与从业岗位技术一致。

2. 按照国家标准和行业标准以及企业对检验员职业岗位的具体要求编排教学内容，实用性强。突出工作过程、技术操作和经验性知识的积累。

3. 教材与专业现代学徒制人才培养相配套，实现了学习内容与企业种子检验岗位零距离对接。教材既能用于教学，又是种子企业种子检验员的工作手册。

本教材内容分为三部分。第一部分共 4 个入职培训专题，其中“种子检验在农业生产中的意义和作用”专题由杨卫军编写，“种子企业管理文化”专题由王长海编写，“种子企业人力资源开发与个人职业生涯发展”专题由王文玉编写，“种子企业财务管理”专题由杨军善编写；第二部分认识岗位由王新燕编写；第三部分 3 个项目共 11 个学习任务，其中种子扦样检验由王新燕编写，种子室内检验由王新燕、李瑜、高翔、袁静、李曼、朱文文、何丽萍编写，种子田间检验由王金玲、靳改龙、贺娟娟、赵文霞编写。教材开发由行业专家高翔，以及合作企业的王文玉、袁静、马兰、赵志兰等检验专家共同参与。

教材编写过程中参考了很多相关文献资料，在此向有关作者表示由衷的感谢，并对所有参与教材编写工作的人员表示由衷的感谢。

在教材编写过程中，编者做出了较大努力，但由于水平和时间所限，书中难免有不妥之处，敬请广大读者提出宝贵意见。

编　者

2021 年 4 月

目　录

1 第一部分 步入企业

第一部分

The first part

The first part

步入企业

The first part

The first part

入职培训专题1
种子检验在农业生产中的意义和作用

第一节　种子检验在农业生产中的意义

一、种子检验在农业生产中的意义

随着农业生产的发展，种子在农业增产增收中所起的作用越来越重要，种子质量对农业生产和整个国民经济的影响也日益增大。我国把实施“种业工程”作为“十三五”期间乃至今后种子工作的中心任务，使传统的种业向生产专业化、经营集团化、管理规范化、“育繁推销”一体化、生产用种商品化转变。种子是具有生命的特殊商品，是种植业中最基本的生产资料。从农业生产的角度来说，广义的种子是指一切可被用作播种材料的植物器官，不管它是植物体的哪一部分，只要能用来繁殖后代的都统称为种子。种子能否被用作播种材料，是通过种子检验来判定的。为了实现种子质量标准化，确保种子质量，必须在生产时，进行严格的田间检测，贮藏时进行出入库检测，销售或播种时也要进行检测。因而种子检测贯穿种子产业的全过程，是确保种子质量的重要环节。其在农业生产中的意义可归纳为以下几点。

1. 保证种子质量，提高作物产量

通过检验，了解种子质量优劣，从而防止播种劣种，播种优质种子，才能确保全苗、壮苗、优质、高产。

2. 贯彻优质优价政策，促进种子质量不断提高

通过种子检验，对种子质量做出正确的评价，才能按国家种子分级标准，按质论价，对质量欠佳的种子提出处理意见，改善和提高种子质量。

3. 保证种子贮藏、运输的安全

通过种子检验，掌握种子的水分、杂质和病虫害等情况后，根据贮藏要求和仓库条件，或根据运输沿途与目的地的气候条件等因素，按照科学的安全贮藏、运输要求并结合检验结果采取相应的贮藏或运输措施。在运输过程中，防止种子发热、霉变、生虫，造成损失。

4. 防止病、虫、杂草种子的传播蔓延

通过检验如发现有检疫性病、虫、草害（如毒麦、水稻细菌性条斑病等）的种子应立即停止使用和调运，并就地处理，防止病、虫、草害的蔓延。对非检疫对象的病、虫和杂草种子，如含量超过标准规定，应提出处理意见，处理合格后可调运销售。

5. 有利于保护农业生产安全和农民的利益

通过种子检验，限制不合格种子的销售，防止伪劣种子在市场上流通，防止农作物大面积受害，确保农业生产安全和保障农民的利益。

6. 推行种子标准化和实施种子法的保障

建立健全种子检验体系和种子质量管理法规，通过种子检验工作，加强监控体系建设，顺利推行种子质量标准化，确保种子法的实施。

可见，种子从生产到销售的任何环节都离不开检验工作。检验工作始终贯穿于种子工作的全过程，与种子生产、加工、贮藏、经营等各项工作相互制约、相互促进、相互配合。

二、种子检验在农业生产中的作用

种子质量的宏观控制由种子检验、种子认证和种子法规三大部分组成，种子检验是种子质量控制的手段之一。具体来说，种子检验有以下作用：

1. 把关作用

通过种子质量检验，杜绝或尽可能减少伪劣种子被用于生产，保证繁种材料的质量，防止病、虫、杂草的传播蔓延。充分发挥栽培品种的丰产特性，选用高质量的、符合质量标准的种子播种，确保农业生产安全。

2. 预防作用

通过对种子生产过程中原材料（如亲本）的控制、购入种子的复检以及种子贮藏、运输过程中的检测等，可以防止不合格种子进入下一环节，有助于实现种子质量标准化。

3. 监督作用

检验经营贸易中的种子质量，贯彻优种优价政策，通过对种子的监督抽查、质量评价等形式实现行政监督的目的。监督生产、流通领域的种子质量状况，打击假劣种子的生产经营行为，促进种子质量的不断提高，把假劣种子给农业生产带来的损失降到最低。

4. 检验结果的报告作用

种子检验结果是调解相关纠纷的重要依据。法定的检验机构出具的检测结果报告是判定种子质量优劣的依据，对及时调解相关纠纷有重要作用。同时，对生产、销售低劣种子的企业进行整改，有利于提高企业重视种子质量的意识。

第二节　我国种子检验发展史与种子检验规程

一、我国种子检验发展史

新中国成立前，我国没有专门的种子检验机构，当时的种子检验工作由粮食部和商检机构代检。

20 世纪 50 年代初期，随着农业生产的恢复和发展，种子检验机构和检验技术也随之发展。部分良种公司也建立了简单的种子检验室，进行个别项目的检验工作。1957—1958 年，为适应农业迅速发展的需要，原农业部种子管理局组织浙江农学院等单位数名教师和检验人员在北京举办了种子检验培训班。同年，又委托浙江农学院定期举办种子行业干部学习班，同时积极引进苏联的种子检验仪器和技术，编写相关教材，开始了我国的种子检验工作。

1978 年，国务院批转了《关于加强种子工作的报告》文件以后，成立了我国第一家种子企业，恢复和加强了种子专业和技术培训。在 1981 年第一次种子协会大会上，成立了全国种子协会，并建立了种子检验分会和技术委员会。1984 年制定和颁布了第一个国家种子分级标准和种子检验规程。

随着国际种子科技交流的发展，我国有关单位先后邀请美国、丹麦、澳大利亚以及 ISTA 等机构的种子检验专家来华讲学，同时也派出我国种子检验专家出国接受培训，并开始翻译 ISTA 国际种子检验规程和相关书籍文献，引入国外先进的种子检验仪器设备，有力地推动了我国种子检验技术的发展。在此基础上，原国家技术监督局组织种子检验专家重新修订了我国 1984 年实施的农作物种子检验规程，等效采用国际种子检验规程技术。1996 年实施了由 GB/T 3543.1～3543.7—1995 等七个系列标准构成的新版《农作物种子检验规程》，随后在全国开展了学习贯彻新规程的技术培训，并于 1997 年实施了农作物种子质量相关的系列国家标准，大大加强了我国种子检验技术标准和质量管理。

我国自 1995 年提出和实施种子工程以来，农业部（现农业农村部）按全国主要农作物分布地区和各省（自治区、直辖市）的种子管理站分别建立了水稻、玉米、油料、蔬菜、大豆等种子质量监督检测中心，建立了国家种子质量检测中心，在全国建立了较为完整的种子质量监督、检验体系。每年开展全国和各省（自治区、直辖市）的种子市场质量抽检工作，有力地强化了我国农业播种种子质量，有效地保证了农业生产的顺利进行。

二、我国种子检验规程

我国于1983年颁布了第一个农作物种子检验规程，主要内容和技术引自苏联的种子检验技术。这对当时的种子检验工作和种子质量管理起到了历史性的作用。但是，随着我国国际种子贸易的大发展和改革开放的浪潮，1983年的种子检验规程已不能适应当时我国种子质量管理和质量监督工作的需要，并且与国际种子检验规程差异较大。原农业部种子检验处根据国家标准局要求，决定等效采用国际种子检验规程，并编制和颁布了GB/T 3543.1～3543.7—1995《农作物种子检验规程》。我国采用国际种子检验规程，不仅有利于国际种子贸易，加强种子检验方面的国际协作，而且使我国的种子检验规程技术随着国际种子检验规程的发展而不断发展。

第三节　种子检验的含义和内容

一、种子检验的含义

种子检验是指采用科学的技术和方法，按照一定的标准，运用一定的仪器设备，对种子样品质量进行分析测定，判断其优劣，评定其种用价值的过程。

农业生产中最大的威胁就是播下的种子没有生产潜力，开展种子检验工作就是为了在播种前评定种子质量，使这种威胁降到最低限度，确定种子在生产上的使用价值。种子检验是保证农作物种子具有优良品质的必要手段和实现种子标准化的根本措施。种子检验的对象是农作物种子，主要包括植物学上的种子和果实。其目的在于通过对品种的真实性（或典型性）和纯度、净度、水分、发芽率、生活力、千粒重、容重及健康状况等项目进行测定，评定种子的使用价值，为贮藏、运输、加工、推广、销售、引种、商品交换提供科学依据。开展种子检验的最终目的就是选用高质量的种子来播种，杜绝或减少因种子质量原因造成的缺苗、减产的风险，减少盲目性和冒险性，充分发挥品种的优良特性，保证农业生产安全。

二、种子检验内容

种子检验的内容包括品种品质和播种品质两个方面。品种品质是评定种子品质优劣的标准之一，指作物种子与遗传特性有关的品质（即种子的内在品质），可用真、纯两个字概括。播种品质的优劣会影响出苗率及幼苗的健壮程度，是指种子播种后与田间出苗有关的品质（也即种子的外在品质），可用净、壮、饱、健、干五个字概括。播种品质高的种子，应发芽率高，无病虫害，含水量、千粒重和容量等符合规定。

（1）真　是指种子真实可靠的程度，可用真实性表示。如果种子失去真实性，不具备原来种子的优良特性，其后果轻则不能丰产，重则颗粒无收。

（2）纯　是指品种典型一致的程度，可用品种纯度表示。品种纯度高的种子具有该品种的优良特性而能获得丰产。品种纯度低的种子由于其混杂退化而会明显减产。

（3）净　是指种子清结干净的程度，可用净度表示。种子净度高表明种子杂质含量少，净种子含量多。净度是计算种子用价的指标之一。

（4）壮　是指种子发芽出苗齐壮的程度，可用发芽率、生活力、活力表示。生活力、发芽率高的种子发芽出苗整齐；活力高的种子则田间出苗率高、幼苗健壮，同时可减少单位面积播种量。发芽率也是种子用价的指标之一。

（5）饱　是指种子充实饱满的程度，可用千粒重表示。种子充实饱满表明种子中贮藏物质丰富，有利于种子发芽和幼苗生长。种子千粒重也是种子活力的指标之一。

（6）健　是指种子健康完善的程度，通常用病虫感染率表示。种子病虫害直接影响种子发芽率和田间出苗率，并影响种子的生长发育和作物产量。

（7）干　是指种子干燥耐藏的程度，可用种子含水量表示。种子含水量低，有利于种子安全贮藏和保持种子的发芽率和活力。因此，种子含水量与播种品质密切相关。

综上所述，种子检验的内容包括种子真实性、品种纯度、净度、发芽率（生活力）、活力、千粒重、容重、种子水分和种子健康状况等。实际上，种子检验就其内容而言，可分为扦样、检测和结果报告三部分。扦样是种子检验的第一步，由于种子检验是破坏性检验，不可能将整批种子全部进行检验，只能从种子批中随机抽取相当数量的有代表性的供检测用的样品。检测就是从具有代表性的供检样品中分取试样，按照规定的程序对其水分、净度、发芽率、品种纯度等种子质量特性进行测定。结果报告是将测定结果汇总、填报和签发。

三、种子检验的分类

1. 根据职能划分

种子检验从职能上分为内部检验、监督检验、仲裁检验和委托检验。

（1）内部检验　又称为自检，是种子的生产单位、经营单位或使用单位，对所生产和经营的种子进行检验，以了解种子质量的高低。

（2）监督检验　是依据政府有关质量的法规、规章，对种子生产企业的产品质量从程序、方法、条件、产品过程和服务进行连续评价，并按规定标准进行检测、鉴定、分析，也叫质量监督检验。

（3）仲裁检验　是指经省级以上质量技术监督部门或者授权的部门考核合格的质

量检验机构，在考核部门授权其检验的产品范围内，根据申请人的委托要求，对质量有争议的种子进行检验，出具仲裁检验报告的过程。

以上三者虽然检验的目的不同，但都发挥着一个共同的作用，即控制和保证种子的质量。

（4）委托检验　一是对需要进行种子质量检验的单位或个人，因其自身不具备检测条件而将检验样品或受检批次委托有检测条件的单位或上一级检验机构进行质量检验；二是对有质量争议的种子，由种子管理部门、司法机关、市场监督管理局、消协依其受理的有质量争议的案件，委托法定的检测机构进行检验和鉴定。

2. 根据检验时期划分

种子检验从检测时期上分为田间检验、室内检验和小区种植鉴定。

（1）田间检验　是在作物生长期间，根据植株的特征、特性，对田间植株的纯度进行测定，同时对异品种、异作物、杂草、病虫感染、生育情况、倒伏程度等项目进行调查。

（2）室内检验　是种子收获以后到收购现场或仓库扦取种子样品进行的检验。室内检验的内容较多，包括种子真实性、品种纯度、净度、发芽率、生活力、活力、千粒重、水分及病虫害等。

（3）小区种植鉴定　是将种子样品播到田间小区中，以标准品种为对照，根据生长期间表现的特征、特性，对种子真实性和品种纯度进行鉴定，这是纯度鉴定最为可靠的方法。从总体来看，田间检验是种子田间生产过程的检验，室内检验和小区种植鉴定是种子产品生产全过程的检验。

国家标准规定，种子的真实性和纯度、净度、发芽率、含水量为种子质量的必检指标。这些指标是判定种子合格与否的关键，必须是所有指标合格的种子才能判定为合格种子，有一项指标不合格的种子即为不合格种子。同时还要进行种子的健康测定。

第四节　种子质量分级

种子质量分级标准以纯度、净度、水分、发芽率四项指标为主，其中，品种纯度是划分种子级别的重要依据，是作为种子收购、经营分级定价的依据。

一、常规种

品种纯度达不到原种指标的降为良种，达不到良种指标的为不合格种子。净度、水分、发芽率其中一项不达标即为不合格种子。

二、杂交种

品种纯度达不到一级良种指标的降为二级，达不到二级良种指标的为不合格种子。净度、水分、发芽率其中一项不达标即为不合格种子。

三、种子质量分级标准

表 1-1　主要作物种子质量指标 %

作物名称（种类）	种子类别		纯度不低于	净度不低于	发芽率不低于	水分不高于
稻	常规种	原种	99.9	98.0	85	13.0(籼)
		大田用种	99.0			14.5(粳)
	不育系、恢复系、保持系	原种	98.9	98.0	80	13.0
		大田用种	99.5			
	杂交种	大田用种	96.0	98.0	80	13.0(籼) 14.5(粳)
玉米	常规种	原种	99.9	99.0	85	13.0
		大田用种	97.0			
	自交系	原种	99.9	99.0	80	13.0
		大田用种	99.0			
	单交种	大田用种（非单粒播种）	96.0	99.0	85	13.0
		大田用种（非单粒播种）	97.0		93	
	双交种	大田用种	95.0	99.0	85	13.0
	三交种	大田用种	95.0			
小麦	常规种	原种	99.9	99.0	85	13.0
		大田用种	99.0			
大麦	常规种	原种	99.9	99.0	85	13.0
		大田用种	99.0			
大豆		原种	99.9	99.0	85	12.0
		大田用种	98.0			

续表 1-1

作物名称（种类）	种子类别		纯度不低于	净度不低于	发芽率不低于	水分不高于
棉花常规种	棉花毛籽	原种	99.0	97.0	70	12.0
		大田用种	95.0			
	棉花光籽	原种	99.0	99.0	80	12.0
		大田用种	95.0			
	棉花薄膜包衣籽	原种	99.0	99.0	80	12.0
		大田用种	95.0			
棉花杂交种亲本	棉花毛籽		99.0	97.0	70	12.0
	棉花光籽		99.0	99.0	80	12.0
	棉花薄膜包衣籽		99.0	99.0	80	12.0
棉花杂交一代种	棉花毛籽		95.0	97.0	70	12.0
	棉花光籽		95.0	99.0	80	12.0
	棉花薄膜包衣籽		95.0	99.0	80	12.0
油菜	常规种	原种	99.0	98.0	85	9.0
		大田用种	95.0			
	亲本	原种	99.0	98.0	80	9.0
		大田用种	98.0			
	杂交种	大田用种	85.0	98.0	80	9.0

稻：长城以北和高寒地区的种子水分允许高于 13.0%，但不能高于 16.0%，若在长城以南（高寒地区除外）销售，水分不能高于 13.0%。稻杂交种质量指标适用于三系和两系稻杂交种子。

玉米：长城以北和高寒地区的种子（单粒播种种子除外）水分允许高于 13.0%，但不能高于 16.0%，若在长城以南（高寒地区除外）销售，水分不能高于 13.0%。

大豆：长城以北和高寒地区的大豆种子水分允许高于 12.0%，但不能高于 13.5%，长城以南的大豆种子（高寒地区除外）水分不得高于 13.0%。

入职培训专题 2

种子企业管理文化

第一节　我国种业公司的组织构架

一、种业公司的组织结构

规范的种业公司均按照相关法律规定，建立较为完善的公司法人管理结构，设立有股东大会、董事会和监事会，并制定了相应的议事规则，明确董事会、监事会和经理层的职责权限、任职条件、议事规则和工作程序，确保决策、执行和监督相互分离，形成制衡。董事会应对股东大会负责，依法行使企业的经营决策权。公司应在董事会下设立战略、审计、提名、薪酬与考核等专门委员会，明确各专门委员会的职责权限、任职资格、议事规则和工作程序，为董事会科学决策提供支持。监事会应对股东大会负责，监督公司董事、总经理和其他高级管理人员依法履行职责。总经理对董事会负责，主持公司的生产经营管理工作。总经理和其他高级管理人员的职责分工明确。公司应按照科学、精简、高效、制衡的原则，综合考虑企业性质、发展战略、文化理念和管理要求等因素，合理设置内部职能机构，明确各机构的职责权限，避免业务重复或职能交叉，形成各司其职、各负其责、相互制约、相互协调的工作机制。对各机构的职能进行科学合理的分解，确定各具体职位的名称、职责、岗位要求和工作内容等，明确各个岗位的职责权限和相互关系。在确定职权和岗位分工过程中，体现不相容职务相互分离的要求。不相容职务通常包括可行性研究与决策审批、决策审批与执行、执行与监督检查等。应制定组织架构图、员工手册、业务流程图、岗（职）位说明书和权限指引等内部管理制度或相关文件，使公司员工了解和掌握组织架构设计及权责分配情况，正确履行职责。种业公司的组织结构见图 1-1。

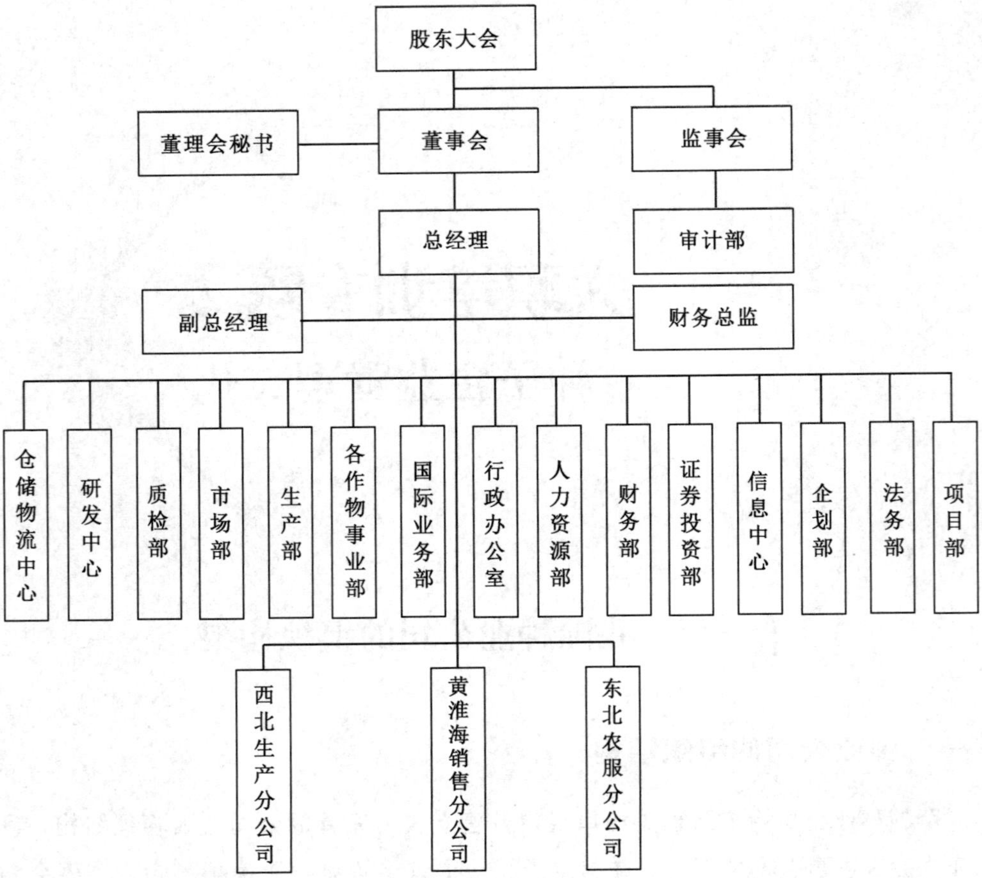

图 1-1　种业公司的组织结构

二、种业公司职能管理部门的设置和分工

一般种业公司根据公司的规模、业务类型、经营数量等设置不同的部门或岗位，大、中型公司（注册资金 1 亿元以上的农业农村部“育繁推一体化”企业）根据业务需要，应设置以下部门和相应的岗位。

（1）仓储物流中心　下设仓储加工部、物流调运部、器材管理部和机械设备部。主要负责公司的产品加工、调运、贮藏及相关器材的管理、机器设备的维护等。

（2）研发中心　下设玉米、小麦、水稻研究部，其中玉米研究部在全国主要实验基地均建立了实验站。研发中心职能主要为建立健全实验设施、做好新品种选育工作、建立有一定规模的品种储备等。

（3）市场部　主要负责公司总体销售计划的制订，产品市场调研等工作；负责公司黄淮海区域的产品营销工作。知识产权的管理和维权工作以及产品的宣传、策划工作。

（4）生产部　主要负责公司生产计划、制种方案的制订和落实。

（5）质检部　负责产品检验及质量控制。

（6）各作物事业部　主要负责公司各作物销售计划的制订，产品市场调研等工作。

（7）国际业务部　负责公司国际业务的规划与管理等。

（8）行政办公室　主要负责公司的行政管理和日常事务管理。

（9）财务部　负责公司财务管理、成本核算及年度预算工作。

（10）信息中心　负责公司信息系统及电子商务平台的建立、维护和完善工作。

（11）证券投资部　负责公司董事会和股东大会相关文件的备存、管理工作及与各级证券监管部门和中介机构的联系工作。

（12）人力资源部　负责公司人员招聘、培训，绩效考核工作。

（13）法务部　负责公司涉及法律问题的事务处理，合同协议的审核等。

（14）企划部　主要负责公司生产计划的制订、中长期规划的编制及公司科研项目的立项、申报工作。

（15）审计部　负责公司内部审计工作。

（16）销售分（子）公司　根据公司业务部的总体销售计划，负责公司在各省（自治区、直辖市）的产品开发、营销工作。

（17）生产分（子）公司　负责公司在甘肃、新疆等制种基地内的制种和加工生产工作以及产品开发、销售工作。

（18）农业服务分（子）公司　负责公司品种销售配套农机、农药、化肥、订单收购、农业保险等服务型销售公司。

第二节　我国种业公司的经营模式

农作物种子是特殊的农业生产资料，具有种子行业特有的经营模式。根据种子行业价值链分为种子研发阶段、种子生产阶段以及种子推广销售阶段。根据不同种子企业占据价值环节的不同，行业经营模式主要分为代繁运营模式、繁销运营模式、育繁销运营模式、代繁销运营模式、单纯经销模式、“育繁推一体化”经营模式。

一、代繁运营模式

代繁运营模式又称订单模式，是由种子企业直接（或间接）和具有种子品种所有权的企业联系，通过双方洽谈协商，确定种子生产计划（包括品种、产量等）、收购价格、预付资金等条款，然后公司根据合同条款进行种子生产。具有种子品种所有权的企业在代繁企业交货后通过进行比重选、包衣等再加工形成最终种子产品。在我国种子产业中，较多种子企业需要委托制种企业代繁。

二、繁销运营模式

繁销运营模式是指种子企业购买种子科研机构、企业或个人新品种的种子所有权，然后进行种子生产、加工及营销，为企业获取经济效益的一种运营方式。

三、育繁销运营模式

育繁销运营模式是指种子企业自主研发新品种，通过自己的生产基地、农场或制种农户等进行种子生产，检验收获（收购）种子，并进行晾晒、贮藏、加工等种子处理，制定种子营销策略进行种子包装、营销，将新品种推向市场以获得经济效益的一种运营方式。

四、代繁销运营模式

代繁销运营模式是指种子企业和有品种所有权的企业或个人，通过协商，签订授权合同，进行种子生产、收获种子、种子加工处理及包装上市，使用被代繁企业的品牌进行销售以获取经济效益的一种运营方式，与繁销模式相比，繁销企业获得的不是品种所有权而是有偿的使用权。

五、单纯经销模式

单纯经销模式是指种子经营企业和较大的种子生产及种子生产经营企业签订种子销售合同，只从事种子销售，获取经济效益的运营方式，该类运营模式的企业主要包括种子批发企业和种子零售企业。

在所有运营模式中，育繁销运营模式的企业会获得最大的收益，国家为提高国内种子企业的市场竞争力、优化行业布局而提出大力培育“育繁推一体化”种子企业，这正是基于育繁销运营模式的价值优势，而只做代销的企业则由于受到上游研发企业的控制，营利能力有限。

六、“育繁推一体化”经营模式

“育繁推一体化”是种子企业主要的经营模式，具体分为以下三种：

1. 采购模式

公司采购的主要材料为包装物和种衣剂等。公司对市场需求进行预测，以此为基础决定生产计划，并依据生产计划制订采购计划。公司严格按照计划进行采购，与各供应商建立长期、稳定的合作关系，保证了采购渠道的稳定性和竞争性。

2. 生产模式

生产模式按照行业内杂交种制种生产的惯例，主要采取“公司＋农户”合作生产的模式和种子公司合同代繁，即委托生产模式生产种子，经检测质量达标后进行粗加工和贮藏，在销售前精加工后包装成 1.5 kg、2 kg、5 kg、15 kg、25 kg 规格的成品种子作为对外销售的库存商品。公司基于对行业的了解，每年对第二年市场情况进行预测，在此基础上制订生产计划，确定生产数量和种植面积。在“公司＋农户”合作生产的模式下，公司与制种方签订农作物种子生产示范合同及制种协议来明确公司和制种方的权利与义务，主要内容包括繁种用原种由公司提供，公司按一定标准支付生产费用（含地膜款、水费、抽雄雇工费，需提前支付，在最终种子款中扣除）；生产过程中严格执行国家种子生产、种子检验、检疫等相关技术规程和标准；公司向制种方提供详细的生产技术资料，制定种子生产技术规程，生产期间在种子生产基地派驻技术人员，负责技术指导及培训工作；制种方需接受公司的监督检查；制种方需按照合同约定的数量、时间、地点将生产的合格种子全部交售给公司，并保证公司提供的亲本种子（原种）不外流、不自留；质量不合格的种子，由公司按商品价格收购后在种子管理站的监督下做报废处理（即转为商品粮销售）。

3. 销售模式

种业公司产品的最终用户为广大农户，具有数量大、区域广、单户购买金额小的特点，为节约经营成本，种业公司多采取经销商销售模式。公司按照统分结合的经营原则，如九圣禾农业发展有限公司在玉米主要种植区设立子公司、分公司，按照公司的统一营销策略和安排部署，制订公司业务部和各子公司、分公司的生产、销售计划，业务部、子公司、分公司充分发挥各自的经营优势和网络优势，在各自负责的销售片区自主实施公司产品的营销，采取“一县一商”独家经销的分销方式，加快品种推广和营销，形成了辐射全国主要玉米产区的销售网络。为确保公司销售渠道与网络的有序、有效性，公司对遴选的经销商，严格按照《中华人民共和国种子法》规定，授予其特许经销证书，在严格控制公司产品质量的基础上，采取一系列防范措施和打假活动，确保广大农户可以买到质量一流的公司产品，保障了公司合法权益不受到重大侵犯。公司在稳定实施上述采购模式、生产模式及销售模式的同时，为了提高种子的附加值，积极探索和推进精细化经营模式，主要包括以下几个方面：

（1）生产过程精细化　选取优良基地、种植规模及产量适中、水肥条件优良。

（2）加工过程精细化　玉米穗烘干、精选籽粒、精加工及精包衣（采用专用种衣剂）。

（3）市场安排精细化　细分目标市场、发展网上营销、采取差异化优质包装及积极的市场促销方式。

（4）服务生产精细化　专人田间指导农户播种、浇水、施肥及用药，进行客户定期回访，提供精细播种方法及相应播种机械。

第三节 种业公司的管理文化

一、企业文化的相关概念

企业文化（或称组织文化），是一个组织由其价值观、信念、仪式、符号、处事方式等组成的特有的文化形象。企业文化包括五个要素，即企业环境、价值观、英雄人物、文化仪式和文化网络。企业环境是指企业的性质、企业的经营方向、外部环境、企业的社会形象、与外界的联系等方面，企业文化往往决定企业的行为。价值观是指企业内成员对某个事件或某种行为好与坏、善与恶、正确与错误、是否值得效仿的一致认识。价值观是企业文化的核心，统一的价值观使企业内成员在判断自己行为时具有统一的标准，并以此来选择自己的行为。英雄人物是指企业文化的核心人物或企业文化的人格化，其作为一种活的样板，给企业中其他员工提供可供效仿的榜样，对企业文化的形成和强化起着极为重要的作用。文化仪式是指企业内的各种表彰、奖励活动、聚会以及文娱活动等，可以把企业文化中发生的某些事情戏剧化和形象化，以生动地宣传和体现本企业的价值观，使人们通过这些生动活泼的活动来领会企业文化的内涵。文化网络是指非正式的信息传递渠道，主要是传播文化信息。文化网络由某种非正式的组织和人群，以及某一特定场合所组成，它所传递出的信息往往能反映出职工的愿望和心态。

二、企业文化内容

企业文化的内容包括经营哲学、价值观念、企业精神、企业道德、团队意识、企业形象、企业制度、企业文化结构、企业使命等。

三、企业文化建设的方法

企业文化建设的方法有晨会、夕会、总结会；思想小结、张贴宣传企业文化的标语；树先进典型、权威宣讲；外出参观学习；企业创业故事、发展史陈列室；文体活动；引进新人，引进新文化；开展互评活动；领导人的榜样作用；创办企业报刊等。

四、种业企业文化示例

大北农集团是我国农业产业化国家重点龙头企业，2010 年在深圳证券交易所上市，具有深厚的企业文化，有自己独特的时代观、农业观、企业观、工作观、成功观和生活观。其核心理念是报国兴农、争创第一、共同发展；企业三大法宝是企业文化，充分信任、充分授权、自主创业的事业平台，“资智”股份化。企业誓词是“大北农的事业是我们大家的事业”，还有企业标识和歌曲等文化建设。

入职培训专题3
种子企业人力资源开发与个人职业生涯发展

第一节　我国种业公司人力资源建设

人力资源是人类社会的发展的基本前提，是种子企业精神、思想和智慧的源泉。种业是我国战略性的基础性核心产业之一，是促进我国农业稳定的长期发展和国家粮食安全的根本保障。种子企业的人力资源及管理不仅影响着企业自身的发展，更影响着我国种业的发展。我国种子企业在人力资源及管理方面均存在认识不够，企业人才结构不科学，缺乏系统的人力资源管理体系，未能实现科学可持续发展。企业应当改变自身观念，结合自身存在问题对现状进行改变，承担起自身的社会责任。目前，企业非常重视人力资源发展，大多设有人力资源部，个别小规模企业没有人力资源部，但也都设有从事人力资源工作的岗位。

一、人力资源及人力资源管理的含义

（1）人力资源　组织为有效利用其人力资源而进行的活动，包括制订企业的人力资源管理战略和人力资源计划，并在其指导下，进行人员安排、业绩评定、员工激励、管理培训及决定报酬和劳资关系等。

（2）人力资源管理　企业根据自身发展的战略要求，对企业人力资源进行有计划的合理配置，通过一系列的招聘面试、入职培训、轮岗实习、定岗定薪、职业规划培养等过程，充分挖掘和发挥职工潜能，调动、提高职工积极性，给企业创造价值、带来效益，确保企业战略目标的实现，是企业的一系列人力资源政策以及相应的管理活动的目的。

二、人力资源管理在企业发展中的地位和作用

跨入新时代，人力资源的竞争是企业间竞争的最主要的形式，企业要想在竞争中立足，进而逐渐发展壮大，就必须高度重视和研究人力资源管理，同时结合企业现阶段发展的真实情况和客观要求，施行有效的实际管理措施，并不断改良，以提升我国企业人力资源管理水平。改革开放以来，企业的人事管理逐步向人力资源管理过渡发展，人力资源管理在企业的发展和战略规划中的地位越来越高。

（一）人才是最重要的资源

企业是各类物质资源和人力资源的集合，人力资源具有不可替代性，对企业的重要性首屈一指。即便企业的技术设备再先进，但从业人员不配合、不上进、不创新，企业依然会产生各种问题。

（二）人才是企业的核心竞争力之一

企业传统的竞争力中，人力资源的贡献越来越大，人才创造了企业的价值，因此，人力资源及其管理成为企业管理的焦点。随着全球经济一体化时代的到来，人力资源的开发与配置成为企业间竞争的核心。

（三）人力资源开发是未来经济增长的主要途径

与发达国家相比，我国人力资源的使用效益仍存在比较大的差距。在未来，我国人力资源整体的素质直接决定着我国经济是否能持续发展，只有不断提高人才的素质和能力，重视人才的品格和精神，才能应对今后我国经济发展中的重大挑战。

三、种业公司人力资源特征

种子行业具有专业性强、科技含量高、风险大、行业责任重的特点，在新产品自主研发、测试、品种繁育、质量检测、经营管理等方面对人才的要求很高。种子企业间的竞争本质就是企业人才数量及质量的竞争，是否重视人力资源及其管理决定着种子企业的成败。

（一）我国种业的特点

（1）中国作为农业大国，对种子存在巨大需求。种业为农业生产提供种子，所以关系到国计民生。

（2）开展种子工作需要大量资金和技术的持续支持。开发新品种则需大量、长时间（6～9 年）的探索和验证。

（3）粮价变动会影响种子的生产。

（4）季节影响着种子的生产和销售，且自然条件决定了粮食产量。育种单位需要提前一年安排种子生产，自然条件变化无法预测，极易影响种子生产的安全性。种子生产销售不同期，遇到生产变动和自然灾害时，种子销售会受到较大影响。

(5) 种子售后服务要求高。种子售后还需专业技术人员指导农户种植。

(6) 种业公司管理层的管理跨度大。

（二）种业公司人力资源管理特征

优秀的种业公司不仅应当具备种子“育、繁、推”的实力，还需具备大量高素质的专业人才。种业人力资源管理的主要特征：人力资源组成跨度大，除管理人员外，还包括科研、繁育、生产加工、销售四类人员；人员组成以高校农林类专业毕业生为主；业务范围较广，部门间需要广泛协作，要求人员知识全面。

四、我国种业公司人力资源管理存在问题

通过对国内种业公司调查和研究，我国种业公司（中小规模）人力资源管理中存在的问题如下。

（一）缺乏人才战略规划

我国种子行业的体制长期以来沿袭计划经济时期的模式，由政府管控的国企垄断，非国企不得进入该行业。随着《中华人民共和国种子法》的颁布实施以及种子行业和公司的发展需求，种子企业才开始重视人才和开发现代人力资源管理系统。但是，受种子行业发展背景和现状的影响，大多公司并不能完全认识到现代人力资源管理在公司整体战略中的重要性，对系统的人力资源管理机制的认识也处于浅层面。

实际运用中，许多人力资源从业者在认识上还存在着很多问题，主要有：①不清楚人力资源及其管理的本质。②人力资源缺少专业管理人才、部门和体制。③轻视人才，对人才培养的投入不足。

（二）人才结构性问题

通过对江苏明天种业有限公司的实地调研得知，种业公司的人员结构不符合企业发展需求：中小种子企业科研人才流失严重，种子营销人员能力不足；低水平工作人员多，高学历、高素质、高技能的人才少；单一知识体系人才多，复合型知识结构人才少；行业人员被动流动多，根据市场主动配置少。

（三）人才流动问题

社会各行业的发展引起种子行业从业人员大变动，包括基层向高层流动；国有企业向民营企业流动；国内公司向跨国公司流动；年纪轻、学历高的大学毕业生因工作内容和工作环境与期望不符，逆向流动甚至转行。

择业性别选择、机会不平等、行业壁垒等原因，导致种子行业人才浪费与流失情况严峻。企业对核心人才投入很大，流失核心人才造成的损失和影响巨大，核心人才不能发挥其功效为企业创收出力，企业不仅因此会受到经济上的损失，还会产生影响整个公司的员工。

（四）人才培养问题

多数种子企业缺少与时俱进的培训理念和完备的培训体制，只重视员工带来的效

益，而未能重视人才的可塑性，以及培训人才而产生的忠诚度。人事培训也只是停留在对员工专业技能的短期培训，挖掘员工潜能和提高素质的培训稀少，中、高层员工未能进一步培训，人员学历结构差距较大，学习能力整体偏低。企业尚未建立长期性、持续性的培训体系，不能将员工的职业规划和公司战略发展通过培训进行有机统一。专业化培训水平低，对员工成长及专业素质的提升和整个公司经营管理的作用较小。

（五）考核激励问题

许多公司虽然引进了西方先进的绩效考评管理制度，但考核观念没有彻底转变，只依据对员工的简单评价来发放薪酬。考评过程存在问题：①员工岗位边界不清晰，岗位职责不明确，考核指标成果化理解不到位；②缺少量化指标，缺少考核指标在实施过程中上级对下级的辅导；③不重视绩效考核的面谈环节，只是为了发放工资，上级闭门打分，对被考核人的绩效成长没有真正起到作用；④绩效考评与员工奖惩关系不大，绩效考评只是形式，不能做到多劳多得、绩优多酬。

种子企业缺乏科学、个性化和灵活性的薪酬激励机制，绩效考评与薪酬激励的匹配度不大，缺乏内部竞争机制，激励员工多采用奖金、奖品奖励形式，并未与员工绩效相挂钩的灵活性绩效工资激励。种子企业的薪酬制度以同岗位同薪酬为主，晋升机制基本只有单纯的提升至行政管理职位，同时提高岗位工资，员工晋升渠道单一，晋升空间和平台不大，基层专业员工积极性不高，对企业缺乏归属感和忠诚度。

五、我国种业公司人力资源管理改进

人力资源作为种子企业可持续发展的核心资源之一，也是种业公司核心竞争力的重要组成部分，明确其在企业全面发展中的重要性，改进人力资源管理现状，营造有利于人才开发和利用的环境，是种业公司现阶段的重要任务之一。顺应中国种业的改革进程，对种业公司内部人力资源管理进行改革，解决人力资源管理中存在的问题，建立长效机制，才能从根本上解决我国种业的竞争乏力、发展较缓的问题。

（一）与企业发展相适应的人才战略规划

把握人力资源管理的发展趋势，以企业和职工的长远利益为出发点，学习和应用先进的理论，明确企业人力资源及其管理改进思路。改变观念，拓宽思路，建立集科学、人性、专业、战略、信息化为一体的人力资源管理体制。

根据种业发展趋势，制定种业公司人才长远发展规划，将人才的合理运用与长远开发贮备相结合。要全面把握企业人才结构，做到量才用人、职能相称、用其所长，充分调动人才自身的积极性。

（二）建立有效的人力资源管理制度

建立集人才招聘、培养、选拔、任用为一体的人力资源管理制度。根据公司的实际需求和战略规划，制订合适的人才招聘和培养计划，并结合公司的人力资源的变化修订计划。

全面提高员工的能力以及企业管理者的素质和管理能力。着重培养科研育种、生产技术、市场营销、企业管理、国际贸易等方面的人才。将公司员工的职业生涯规划与公司规划结合，给员工提供专业知识技能培训，以公司优越的人才培养计划吸引人才、留住人才。

（三）建立科学合理的人力资源激励机制

用科学合理的激励方法提高人才的积极性和创造性，挖掘其完成任务的潜能。精神激励与物质激励并重，实现激励效果最大化，提高员工工作效率。

（四）产、学、研结合，引进和培养高层次人才

从高校和各大种业领军企业引进高学历、高职称、高技术人才，并重点培养公司自身技术人才，建立与企业发展匹配的人才梯队，实现高校和企业间的人才联合。结合人才的培养与引进，继续培养和使用现有的人才，着重培养有创新和与时俱进意识、经营管理能力突出的复合型人才。

（五）培养注良好的企业文化

注重创新，对员工的好点子、好方法要积极采纳并给予奖励，重点培养创新人才，在科研领域和管理领域等方面创新突破。尊重员工，重视员工的精神人格需求，营造互相尊重、互相奉献、互相进步的公司氛围。注重自我学习，从管理者做起，带动公司员工提高自我学习意识和能力，不断追求进步，提高自身知识水平。公司从上到下形成良好的氛围，发展成独特优越的企业文化，加强企业凝聚力和向心力，提高员工归属感和自豪感，促进公司长效和谐进步发展。

第二节　职业生涯发展规划

职业生涯在人的一生中极为重要，职业生涯的成功与否直接影响到人生价值能否得到充分的体现，间接决定了生命内容的精彩或平淡。因此，做好职业生涯的规划，对每个人来说都是十分重要的。

从企业的角度来说，职业生涯管理是企业人力资源管理的核心内容之一，是满足人才需求、留住人才的重要手段。通过员工职业生涯规划，企业可以更全面地了解员工的兴趣、特长、理想等，根据员工的职业目标和现状有针对性地进行培养，明确个人在企业的发展方向和成长空间，通过个人发展愿望与组织发展需求的结合来实现企业发展，创造出高效率的工作环境和“引人、育人、留人”的企业氛围，真正做到留住优秀人才的“心”。

一、职业生涯发展规划的内容

（一）前言

编写个人职业生涯发展规划的目的、意义等。

（二）自我分析

对自己的性格、爱好、习惯、特长、优缺点、学识、能力、理想等进行自我综合总结分析。

（三）职业生涯条件分析

1. 专业前景

种业是农业先导龙头产业、现代农业“芯片”，也是国家农业竞争力的核心。种子产业的快速发展使本专业人才具有很好的社会需求前景。新疆已成为我国最大的种子生产基地之一，也是全国最适合发展规模化制种的区域。培养高素质人才，是发挥种业资源优势、做大做强现代种业、保障粮食安全和提高新疆现代农业核心竞争力的迫切要求。

2. 学科实力

新疆农业职业技术学院种子生产与经营专业是全国示范校重点建设专业，专业人才培养模式和系列化工学结合教材开发获教育部成果奖项，目前在全国高职种植类专业处于领跑地位。

3. 培养目标

培养理想信念坚定，德、智、体、美、劳全面发展，具有一定的科学文化水平，良好的人文素养、职业道德和创新意识，精益求精的工匠精神，较强的就业能力和可持续发展的能力；掌握种子生产与经营的专业知识和技术技能，面向种子行业种子生产、销售等岗位群，能够从事种子繁育、种子销售、种子质量检验、种子加工工作的高素质技术技能人才。

4. 专业特色

新疆农业职业技术学院种子生产与经营专业是国家示范性高职院校重点建设专业和国家现代学徒制试点专业，创新实践了“一轮半”工学结合人才培养模式，人才培养规格与产业技术标准、职业综合能力与职业岗位能力、教学组织与产业活动“三对接”，在人才培养过程中植入产业要求，与企业合作开展现代学徒制培养试点，开展“两段式”招生招工试点，企业主导开发现代学徒岗位标准。近 3 年有代表性的就业单位有新疆华西种业有限公司、九圣禾农业发展有限公司、新疆金丰源种业公司等。

5. 基础知识要求（主要课程）

植物与植物生理、作物遗传育种、植物保护基础、农业应用化学、种子加工贮藏技术、种子市场营销、田间试验与统计分析、大田作物制种技术等。

6. 知识和能力要求

（1）知识要求　掌握必备的思想政治理论、科学文化基础知识和中华优秀传统文化知识；熟悉农业相关政策和法律法规，以及农业生态环境保护、种子安全生产知识；掌握农业化学、植物与植物生理基本知识；掌握土壤肥料、农业气象、作物遗传育种、田间试验与统计等基本知识；掌握农作物、蔬菜生产基础知识；掌握农作物种子生产、质量检测、加工贮藏、销售基础知识；掌握农作物病虫害识别、防治基础知识；熟知常见农药及类型，掌握农药安全使用知识；掌握种子法规与行政管理、质量认证知识。

（2）职业能力要求　具有探究学习、终身学习、分析问题和解决问题的能力；熟悉农村工作方法，熟知生产技术规程，具有良好的语言表达和文字写作能力，能够在工作中进行有效沟通；具有一定的信息加工能力和信息技术应用能力；能够制订作物种子生产计划并指导农民进行种子生产、管理；熟悉作物遗传的基本原理，能够进行田间试验设计，采取科学方法调查、统计及分析数据；识别常见病虫草害，结合生产实际，能够采取科学方法进行病虫害的预测、防治；熟悉农作物种子市场基本状况，熟知种子营销知识、技巧，能够根据不同农作物种子特点采取不同营销策略；熟悉种子加工、贮藏的方法，能根据不同作物种子特性采取相应的加工、贮藏技术。

二、职业目标定位

1. 短期目标（3 年）

学徒进入一家种子企业，需要经历 6 个月的轮岗试用期，轮岗岗位以种子检验、种子生产、科研产品技术助理等专员级岗位为主，由专业技术辅导老师和指定生活导师共同帮助学徒度过试用期，试用期结束后可根据自己爱好、特长选择专员级岗位，从最基本的岗位职责做起，不断从中学习与岗位有关的专业经验，以此提升个人的实践能力，在公司首先要做到热爱农业、个人职业梦想与公司企业价值观高度吻合，积极参加公司组织的各类团建活动，以此发挥个人特长，在工作和生活中不断丰富自我、胜任岗位、体现价值。

2. 中期目标（5 年）

找准自我职业发展规划定位，公司的晋升通道通常有技术通道和管理通道，根据员工 3 年的工作绩效表现，上级领导及公司领导会做出公开评价，本人需根据自我职业规划，做好晋升选择，由技术员晋升为技术类经理岗位，通过努力达到岗位和薪酬的双晋升。

3. 长期目标（10 年）

此阶段更多的是要参与对公司战略规划、经营模式的学习、理解和实践。以公司企业文化、核心价值观引领个人职业发展规划。只有充分做到懂公司，个人职业发展的方向才会更加准确，同时要担负起培养下级的职责，实现自我价值的同时提升个人的生活质量。

三、评估调整

成功没有标准，人生需要个人事务、职业生涯、家庭生活的协调发展，只要自己尽心尽力，能力也得到了发挥，每个阶段都有了切实的自我提高，即使目标没有全部实现也不会觉得失败，同时应不断地在各时期进行评估，调整自己的目标。

四、缩小差距的方法

（1）充分利用学徒毕业前在校学习的时间，为自己补充所需的知识和技能。包括参与社会团体活动，广泛阅读相关书籍，选修、旁听相关课程，报考技能资格证书等。

（2）充分利用公司给员工提供的培训机会，争取更多的培训机会。

（3）在校期间多和老师、同学讨论交流，在种业公司和前辈经常进行交流。

（4）在工作中积极与直接上司沟通，加深了解；利用校友众多的优势，参加校友联谊活动，经常和他们接触、交流。

（5）锻炼自己的注意力，在嘈杂的环境里也能思考问题、正常工作。

（6）养成良好的锻炼、饮食、生活习惯。每天保证睡眠 6～8 h，每周锻炼 3 次以上。

（7）用自身的工作条件扩大社交圈、重视同学交际圈、重视社会交往。

五、结束语

做好计划很重要，但更重要的是具体实施并取得成效。任何目标，只说不做到头来就是一场空。然而，现实是未知多变的，订好的目标计划随时都可能受到各方面因素的影响。这一点，每个人都要有充分的心理准备。因此，在遇到突发事件、不良影响时，要注意保持清醒冷静的头脑，不仅要及时面对、分析所遇问题，更应快速果断地拿出应对方案，对所发生的事情，能挽救的尽量挽救，积极采取措施，争取最好的结果。这样，即使将来的作为和目标相比有所偏差，也不至于相距太远。

入职培训专题4
种子企业财务管理

第一节　种业公司财务人员岗位责任职责

根据种子检验员岗位业务工作，为了提高工作效率，种子检验员需要了解公司财务人员岗位责任职责，以便于开展工作。一般种业公司财务人员岗位责任职责如下：

一、岗位设置原则

依据种业公司和具体情况，在保证工作质量和效率的前提下，可以一岗多人、一人多岗，但不相容职责必须分离。

二、岗位设置

种业公司会计人员主要岗位有：财务部经理、会计、出纳。

（一）财务部经理岗位

(1) 协助财务总监完成公司财务制度建设、完善财务制度等管理工作。

(2) 负责公司日常财务管理、财务核算、税务工作；确保公司会计科目的合规、合理与准确性。

(3) 组织各部门编制收支计划，编制公司的年度预算计划，定期对执行情况进行检查分析；负责公司年度报表审计工作。

(4) 负责审核每月的记账凭证、编制公司合并报表。

(5) 负责编制公司年度财务报表附注；编制季度、年度公司的财务说明书。

(6) 负责公司承担的项目财务的核算。

(7) 负责公司向统计部门报送“统计报表”，并整理相关档案。

（8）全面负责公司每年度的存货盘点工作。

（9）负责本科室与公司其他各职能部门间的沟通和协调工作。

（10）协调上级领导交办的其他工作。

（二）综合会计岗位

（1）按公司财务管理的相关要求，准确、及时、全面地完成会计报表和相应的税务报表工作。

（2）负责审核税务申报数据及档案的整理。

（3）负责审核日常报销支出原始票据，并建立相应的辅助账。

（4）协助部门经理盘点存货。

（5）编制会计报表。

（6）负责每月向财政局报送“财政企业信息报表”。

（7）负责子公司的财务核算工作。

（8）审核出纳的“网银制单”工作。

（9）完成上级领导交办的其他临时工作。

（三）出纳岗位

（1）负责每日公司银行存款和现金日记账的登记，负责整理原始单据，同时编制网银支出单据。

（2）负责每月税务申报工作。

（3）每月装订记账凭证并按会计档案的要求整理。

（4）进行公司财务票据的管理和登记等。

（5）负责保管银行印鉴中的“财务专用章”。

（6）负责与银行有关的各项工作。

（7）完成上级领导交办的其他临时工作。

第二节　种业公司一般财务审批程序

一、审批流程

种业公司为了规范财务审批程序，明确财务审批权限，需要制定财务审批流程（图 1-2）。

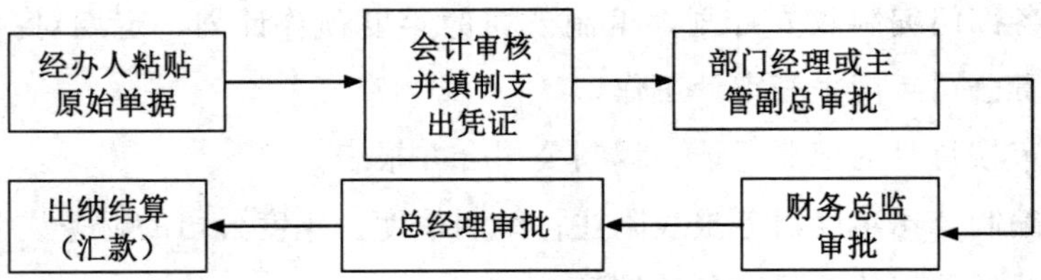

图 1-2　财务审批流程

二、付款条件

（1）支付预付货款，需见合法合同后付款。

（2）支付备用金需附经审批的借款单。

（3）费用报销：对于出差时间超过 30 d 的，且需要预借差旅费的，需填写出差申请单，经主管领导批准方可办理；对于单次宴请超过 2 000 元的，需办理宴请申请后方可办理。

（4）购置存货及固定资产需附验收单或入库单。

（5）报销票据均需是合法的票据。

（6）常用票据格式如表 1-2、表 1-3 所示。

表 1-2　业务接待申请单

年　　月　　日

申请部门		申请人	
被接待人（单位）			
业务接待事由			
业务接待日期			
业务接待地点			
业务接待预算金额			

主管领导审批：

表 1-3　出差申请单

年　　月　　日

部门		出差申请人	
出差计划任务			
主要出差地点			
费用预算			

主管领导审批：

The second part

The second part

第二部分

认识岗位

The second part

The second part

入职培训专题 1 认识学徒业务岗位

种子生产与经营专业旨在培养理想信念坚定，德、智、体、美、劳全面发展，掌握该专业知识和技术技能，面向种子行业种子生产、销售等岗位群，能够从事种子繁育、种子销售、种子质量检验、种子加工工作的高素质技术技能人才。农业上最大的威胁之一是播下的种子没有生产潜力，不能使栽培的品种获得丰收。种子行业开展种子检验工作不仅能在播种前评定种子质量的优劣，杜绝使用伪劣种子播种，还能为种子生产者、加工者、仓库管理员、种子经营者、农民、认证机构和政府种子管理部门提供种子质量信息，管理好、用好种子，使农业获得高产、优质和高效的收成。

种子检验员除了要具备相关专业知识和种子检验常见问题处理能力，还需要具备良好的职业道德。能够吃苦耐劳、有科学严谨的工作态度、责任心强、一定的语言表达能力、沟通能力、学习能力、团结协作能力。诚实敬业、保守企业机密、善于观察分析总结，确保检验数据客观、公正。种子检验员学徒岗位标准及课程标准如下：

（1）种子检验员岗位标准（详见附录 1）。

（2）种子生产与经营专业学徒岗位课程标准（详见附录 2）。

（3）种子检验员学徒岗学徒师傅聘任标准与教学指导工作规范（详见附录 3）。

（4）种子检验员学徒岗学徒选拔标准与学习守则（详见附录 4）。

入职培训专题2
岗位工作技术设备与安全生产

一、岗位工作技术设备

根据种子检验检测的项目不同，常用的仪器设备有扦样器、发芽箱、水分测定仪、烘箱、分样器、PCR扩增仪、高压电泳仪、普通电泳仪、水平电泳槽、高速冷冻离心机、水平摇床、胶片观察灯、电子天平、磁力搅拌器、紫外分光光度计、微波炉、高压灭菌锅、水浴锅、冰箱、制冰机、凝胶成像系统、DNA分析仪等。

二、种子检验员学徒岗位安全生产要求

1. 业务安全

（1）学徒在企业期间必须严格遵守检验室规章制度。

（2）学徒在企业期间应服从检验室管理人员安排，采取必要安全措施，保证人身及检验设备的安全。

（3）学徒在企业师傅的指导下完成相关实验操作，操作结束后必须清理好现场，严禁检测、实验残留物出现在地面或工作台。实验结束后，必须关好电源和仪器开关；下班前，实验人员必须检查操作的仪器及整个检验室的门、窗和不用的水、电、气路，并确保关好，以消除安全隐患。

（4）学徒在工作过程中，若仪器设备在运行中，实验人员不得长时间离开现场。对需要长时间连续进行的实验，应确保实验过程安全。

（5）实验时严禁带电作业（如带电接线、拆线）。

（6）学徒在学徒期间要严格遵守检验室钥匙的管理制度，钥匙的配发应由实验员统一管理，不得私自借给他人使用或擅自配钥匙，确实需要配钥匙时需经检验室负责人同意。

(7) 学徒在工作期间，如有事故发生，应立即采取措施，及时处理，必须按规定上报，不得隐瞒不报或拖延上报，注意保护事故现场。

(8) 学徒必须熟悉常用灭火器材的使用。

(9) 学徒在工作时，当实验过程中发生电路故障时（如线路跳闸等），应先立即切断电源，再进行检查，分析原因；当检验室电器设备或线路起火时，应立即切断电源总闸，再用干粉灭火器对准火源进行灭火，若火势较大难以处理，应及时向上级报告并马上报警，火警解除后要注意保护现场。

(10) 学徒下班前，必须在师傅的指导下检查操作的仪器电源是否关闭，确保关好空调、灯和检验室的门，因人为原因造成检验室事故的，按有关规定对当事人追责。

(11) 学徒在工作期间，当发现检验设备功能失效时，应对以往检测结果的有效性进行评价，并采取必要的措施，包括对该时段检测工作进行返工重检。

(12) 学徒在工作期间，在师傅的指导下进行有毒、有害、有刺激性物质或有腐蚀性物质操作时，应戴好防护手套和防护镜。

(13) 学徒在企业工作期间，未经检验室负责人许可，不得擅自开关、使用和移动检验室的所有检验设备。

(14) 学徒在企业工作期间，未经检验室负责人允许，不得将无关人员带人检验室。

(15) 学徒在企业工作期间，在检验室内不得做与检验工作无关的事。

2. 自身安全

(1) 学徒在校或在学徒企业期间不论有无驾照均不允许驾驶机动车辆。

(2) 上下班路上严格遵守交通规则，避免发生人身意外。

(3) 学徒在企业师傅的指导下上岗操作时，要穿戴好工作服、鞋、帽。

(4) 晚上8点后不单独外出。坚决杜绝夜不归宿，有一次夜不归宿立刻终止学徒阶段，并按照学院管理规定处理。

(5) 学徒在企业期间应注意好水、电、暖安全，上班前、睡觉前进行检查，确保安全。

(6) 做好防火工作，不违规使用大功率电器。

入职培训专题3
岗位业务能力要求和培养目标

一、岗位知识要求

（1）掌握完成种子检验员工作任务所要求的基本知识，能够解决种子各项检验检测项目实操中常见的问题。

（2）熟练掌握种子田间检测技术、扦样检测技术、室内检测技术相关的国家标准，合理安排检验工作任务，分析解决种子质量检验工作中出现的一般性技术问题。

二、岗位能力要求

在种子扦样时，能正确应用扦样器，使所扦样品具有代表性、一致性，确保种子检验结果可靠、有效。在室内检验时，根据国家标准，通过对种子质量进行检验、检测、鉴定，准确评定其种用价值。在种子田间检验时能够根据制种田的形状和大小合理取点，知道不同类型种子生产田的田间检验项目，所得结果与种子真实性偏差在规定范围内，准确判断种子质量的优劣。

三、岗位技能要求

（1）能按照标准要求实施田间检验工作任务和填写田间检验报告单。

（2）正确制订扦样检验方案，在种子收购点、种子生产线、种子仓库，根据种子批的大小，按要求有效扦取送验样品和正确填写扦样检验报告单。

（3）能够对种子室内检验仪器设备正确进行调试和校准操作。

（4）正确进行不同作物种子的分样操作、净度分析操作、发芽试验操作、水分测定操作、品种纯度室内鉴定操作，以及进行原始记录填写、数据修约及检验结果（含幼苗鉴定、电泳胶片）的评定。

四、岗位职责要求

（一）种子扦样检验员岗位职责要求

（1）根据检验任务起草扦样方案，按单位管理规定上报审批。

（2）做好扦样前的各项准备工作，包括扦样所需的各种器具、材料、证件、文件和资料。

（3）严格按照批准的扦样方案和扦样要求的规定进行扦样、封缄，并履行有关手续。

（4）妥善保管样品，及时安全地把扦样的样品交送（或邮寄、运送）到检验室。

（5）按照检验任务和检验规程规定，分取试验样品。

（6）遵守有关保密规定。

（7）所有使用的仪器，必须在有效的规定周期内，保证测量值准确。

（二）种子室内检验员岗位职责要求

（1）通过对送验样品的真实性、净度、发芽率、生活力、活力、水分和千粒重等项目的检验和测定，准确地评定种用价值。确保种子检验结果准确、公正、客观。

（2）实施严格的过程管理。首先是检验前管理：在检验开始前，要做好一切准备工作，仪器 使用前要对仪器状态进行查看，并做好记录；对检验室温度、湿度、生物细菌、电源、供水和排水进行有效的控制，并做好记录。其次是检验过程管理：在检验过程中，检验员对所用的规程进行检查，确定其是否是当地批准的有效版本；对送来的检验试样及有关手续核查是否与所检测项目相符合；依据检验规程规定，对所检验项目逐项检验；对所检验项目的结果及时按程序填写原始记录；检验项目结束，要及时将结果送有关人员编制检验报告，并依据规定分别审核和签发。

（三）种子田间检验员岗位职责要求

（1）负责制种地田间检验工作。

（2）在种子生产过程中，在田间对品种真实性进行验证，对品种纯度进行评估，对作物的生长状况、异作物、杂草进行调查，报告被检种子田状况并做出评价，检验结果对委托检验的机构负责。

入职培训专题4
制订学徒培养计划

一、学徒工作计划

种子企业种子检验员学徒岗位主要包括种子扦样检验员、种子室内检验员、种子田间检验员3个工作岗位。按照《种子生产与经营专业现代学徒制人才培养方案》中的安排，在第4～5学期学徒要进入种子企业，根据种子检验员工作岗位任务及能力的要求，学徒期间，在企业师傅带领下重点学习掌握种子扦样检验、种子室内检验、种子田间检验三大岗位的技术与技能。

（一）种子检验员岗位工作程序

(1) 种子扦样检验员岗位工作程序为：扦样前准备→检查划分种子批→确定扦样频率、扦取初次样品→配制混合样品→配制送验样品→送验样品的处理→填写扦样检验报告单。

(2) 种子室内检验员岗位工作程序为：检验前准备→种子水分测定、种子净度分析、种子发芽试验、品种纯度鉴定、生活力测定、活力测定、健康测定、质量测定→填写室内检验报告单。

(3) 种子田间检验员岗位工作程序为：基本情况调查→取样→检验→结果计算与表示→填写田间检验报告。

（二）种子检验员岗位工作任务

在影响种子检验工作质量的诸多因素中，人员素质是最基本和最关键的因素，种子检验工作质量很大程度上取决于检验员的素质和水平，只有具备扎实的种子检验理论和技术基础，具备熟练的操作技能，才能从事检验工作，确保出具准确、清晰、客观的检验数据和结果。因此，作为种子检验员岗位学徒，必须熟知种子检验员岗位工作任务（表2-1），在企业师傅指导下做好工作计划。

表 2-1 种子检验员岗位工作任务

检验员岗位	检验工作任务
种子扦样检验员	(1)种子批划分与扦样频率的确定;(2)检验样品扦取与扦样器的使用;(3)检验样品分取与分样器的使用;(4)样品处置(包括标志和封缄);(5)扦样单填写。
种子室内检验员	(1)检验仪器设备调试、校准操作;(2)分样操作;(3)净度分析操作;(4)发芽试验操作;(5)水分测定操作;(6)品种纯度室内鉴定操作;(7)数据修约,原始记录填写;(8)检验结果(含幼苗鉴定、电泳胶片)的评定;(9)其他测定操作。
种子田间检验员	(1)种子田基本情况调查;(2)种子田取样;(3)关键时期进行种子田各个项目检验;(4)结果计算与表示;(5)田间检验结果单填写。

工作计划提纲如下:

(1) 对学徒岗位的认识;

(2) 种子检验员岗位工作任务和预期目标;

(3) 完成工作任务的态度、方法和措施;

(4) 种子检验检测能力提升的方法、措施;

(5) 社会能力提升的方法、措施(工作纪律、人际交往、团队协作、诚实守信等)。

(6) 其他。

二、学徒学习计划

学徒具有双重身份,既是学校的学生,又是企业的员工。在工作场所,学徒要将在学校学习的理论知识与工作实践有机结合。学校和企业在提高学徒专业技能同时还要培养其终身学习能力,提高其基础知识的储备量。

(1) 学习目标 分析基础知识、技能操作与检验员岗位要求的差距与不足,明确学习提升的专业知识和技能。

(2) 学习内容 总结种子质量检测过程中遇到的问题,根据自身基础知识及技能水平制定学习内容。

(3) 学习方式 通过互联网进行自主学习,培养良好的自主学习的能力,为自身的可持续发展、职业生涯的发展打下坚实的基础。可通过资源库平台、MOOC、文献查阅、实验研究、研讨等途径进行学习。

学徒学习计划提纲如下:

(1) 承担公司种子检验员岗位工作的任务、目标。

(2) 分析自我知识、技能水平与种子检验岗位工作要求的差距与不足,明确要学习的专业知识和技能。

（3）自我学习计划。包括专业理论知识和技能学习计划及学习时间安排计划。合理安排不同阶段阅读的书籍、资料，参观技术场所，练习掌握的新技术，撰写学习笔记等。

（4）学习的阶段目标和总目标。

（5）其他学习内容与方法。

三、学徒研修计划

根据学徒岗位工作内容，在企业“师傅”的指导下，选取种子质量检测过程中某一检测项目中存在的问题，或某一检测技术环节的影响因素确定研修课题，具体内容包括：

（1）研修课题的意义。明确研修内容的相关背景，明确研究的价值和需要解决的问题。

（2）研修课题方案。研究方法应具体、详细、可实施性强。

（3）撰写研修报告。

第三部分

学徒工作学习任务

The third part
The third part
The third part
The third part

项目一
种子扦样检验

【专业知识准备】

一、扦样的目的和原则

（一）扦样的目的

扦样通常是利用一种专用的扦样器具，从袋装或散装种子批取样的工作。扦样的目的是从一个种子批中扦取适当数量有代表性的送验样品供检验之用。扦样正确与否、扦取的样品有无代表性，直接影响种子检验结果的正确性。检验结果的准确性取决于扦样技术和检验技术，而扦样是先决条件，如果扦样未按规定程序进行，样品没有代表性，那么检验技术无论怎样高超，也难以获得正确的检验结果。错误的检验结果，将给农业生产造成不良影响，甚至造成不应有的损失。因此，对扦样工作要高度重视，必须尽量保证送到检验室的样品能准确地代表该批被检验的种子成分，同样，在检验室分样时，也要尽可能采取必要措施，使获得的试验样品能代表送验样品。

（二）扦样的原则

扦样的每个步骤必须牢牢把握样品代表性，为此，在扦样过程中的每一步操作都必须遵守如下原则：

(1) 种子批均匀一致。种子批均匀一致是扦取代表性样品的前提，但实际上不可能获得完全均匀一致的种子批，在扦样时要求做到尽可能一致，没有异质性的迹象。对种子质量不均匀或存在异质性的种子，检验员应拒绝扦样。

(2) 按照预定的扦样方案采用适宜的扦样器和扦样技术扦取样品。检验规程对扦样方案所涉及的关键三要素，即扦样频率、扦样点分布以及各个扦样点扦取的种子数量做了明确的规定。为了扦取有代表性的样品，扦样操作必须符合这些规定的要求，并选择适宜的扦样器具进行扦取。

(3) 保证样品的可溯性和原始性。样品必须封缄与标识，能追溯到种子批，并在包装、运输、贮藏等过程中采取措施尽量保持其原有特性。

(4) 按随机抽取的原则和程序，选择适宜的分样器具和分样技术分取样品。

(5) 由合格扦样员扦样。扦样员应由受过专门培训与训练的人员担任。扦样员必须经过考核并获得检验员证。扦样员进行扦样时，必须执行《农作物种子检验规程》的规定，规范操作，扦取有代表性的样品。

二、扦样相关定义

根据扦样原理，首先用扦样器或徒手从种子批内取出若干个初次样品，然后将全部初次样品混合组成为混合样品，再从混合样品中分取送验样品，送到种子检验室。在检验室中，再从送验样品中分取试验样品，进行各个项目的测定。因此，种子扦样是一个过程，由一系列步骤组成的。扦样过程涉及的专业名词定义如下：

(1) 扦样　是从大量的种子中，随机取得一个质量适当、有代表性的供检样品的过程。

(2) 样品　指种子检验部门直接采取或有关单位送交种子检验部门用作检验的适量种子或材料。按检验工作的需要，样品可分为初次样品、混合样品、送验样品、试验样品 4 种。

(3) 初次样品　是指对种子批的一次扦取操作中所获得的一部分种子。

(4) 混合样品　是指由种子批内所扦取的全部初次样品合并混合而成的样品。

(5) 半试样　是指将试验样品分减成一半质量的样品。

(6) 送验样品　是指送达检验室的样品，该样品可以是整个混合样品或是从其中分取的一个次级样品。送验样品可再分成由不同材料包装以满足特定检验需要的次级样品。

(7) 备份样品　是指从相同的混合样品中获得的用于送验的另外一个样品，标识为“备份样品”。

(8) 试验样品（简称试样）　是指不低于检验规程中所规定数量的、供某一检验项目之用的样品，它可以是整个送验样品中分出的一定量的种子，供检验种子品质的个别项目用的样品。

(9) 种子批　一批种子必须是同一来源、同一品种、同一年度、同一时期收获、质量基本一致、在规定数量之内的种子。

(10) 异质性　指种子批或检验单位的种子堆内，不同部位各种成分分布极不均匀一致，未达到随机分布的程度，也就是种子未充分混合好的均匀程度。异质性测定可用净度、种子粒数、发芽率等检验项目来进行。

三、扦样的条件

（一）种子批构成

在GB/3543.2—1995《农作物种子检验规程　扦样》中有严格规定，种子批即同一来源、同一品种、同一年度、同一时期收获、质量基本一致、在规定数量内的种子。这就规定了新种子和陈种子不能混合，即使混合后达到国家标准要求也不行。种子批可以是同一种子田收获的种子，也可以是同一生产场地不同种子田收获的种子混合而成。

（二）种子批和容器的封口与标识

种子批的每一容器应有统一编号的批号或其他标识，有了标识，才能实现样品溯源，否则检验结果都只能代表样品，不能代表种子批。种子批号很重要，相当于一个人的身份证号，可以溯源。GB/T 3543.2—1995《农作物种子检验规程　扦样》对封缄专门做了定义，这里的封缄是指封口，即将种子批的容器的开口采用一种方式封好后，除非损及原来的封缄或者遗留启封的痕迹，否则不可能把容器打开并接触到种子。

（三）种子批均匀度

种子批均匀度是一个最难以定义清楚的概念。如果能获得完全均匀的种子批，只需在种子批的最方便位置扦取少量的种子。但在实际工作过程中，不可能获得完全均匀的种子批。因此，在检验规程中，只能假设种子批尽可能均匀一致，没有异质迹象，设计可行的扦样技术扦取有代表性的种子批样品。这个假设条件很重要，如果达不到要求，还是不能扦取到能代表种子批的样品。“尽可能一致”的说法也是相当含糊的，一般理解为种子批一旦通过了严格的清选和加工操作，就认为其符合检验规程所规定的均匀度要求，达到了扦样技术所规定的能扦取有代表性样品的要求。

种子批达不到完全均匀，这种差异不仅产生于整个种子批，而且不同的容器和同一容器内也有差异。这种差异程度是由作物种子和其他物质存在的比例、这些组分的差异和在种子批内的不同分布所决定的。在正常生产条件下，当种子收获时，混杂物含量处于最高值，很少有混合，因此种子批的分布就可遵循种子生产区域的混杂物的分布模式，均匀性处于最不一致的状态。经过加工，除去了许多其他物质，使得种子批变得均匀一致（处理不当引起的机械损伤除外）。但是种子即使经过严格的加工和混合，在灌装和运输过程中也会产生分离。当种子灌入容器时，分离模式主要由种子类型所决定。大粒种子倾向于先在容器的基部，然后形成圆锥形，再从圆锥形的底边开始充满容器的边缘。小粒种子倾向于保持在容器的中央。对于稃壳少的种子，当容器灌满时，轻种子和稃壳随着气流向上运动，最后落在容器的边缘和上部。在实际生产过程中，种子分离模式比以上例子更加复杂。

（四）种子批异质性测定

异质性测定的目的是衡量种子批的异质性，以表示所测定的项目用混合方法是否能达到随机分布的程度。对于存在异质性的种子批，即使按检验规程取得送验样品，也不会有代表性。在实际工作中，如果种子批的异质性明显到扦样时能看出袋间或初次样品间的差异时，应拒绝扦样。如果对种子批的均匀度产生怀疑，可用规定方法进行异质性测定。

异质性测定是将从种子批中抽出规定数量的若干个样品测定所得的实际方差与随机分布的理论方差相比较，得到两者之差，每一样品取自各个不同的容器，容器内的异质性不包括在内。

四、种子扦样工作程序与环节

扦样只能由受过扦样训练、具有实践经验的扦样员（检验员）执行，应按以下工作程序扦取样品表（3-1）。

表 3-1　种子扦样工作程序

扦样检验工作程序	具体工作项目
1. 异质性测定	检查种子批异质性，若怀疑种子批存在异质性，按程序操作：种子批扦样、测定、H 值计算、结果报告。若不存在异质性，直接进入下一工作程序，一般经过加工的种子批可认为其不存在异质性。
2. 扦样前准备	①扦样员（检验员）向有关人员了解种子的来源、产地、品种名称、种子数量，以及种子贮藏期间翻晒、虫霉、漏水和发热等有关种子质量的情况是否符合规定。②准备器具。
3. 检查划分种子批	①检查种子批大小；②种子批是否处于便于扦样的状况；③检查种子袋封口和标识；④检查种子批均匀度。
4. 确定扦样频率，扦取初次样品	①袋装种子、小包装种子、散装种子或种子流、包衣种子按照《农作物种子检验规程》的规定确定扦样频率。②根据种子的包装不同选择合适的扦样器，用正确的扦样方法扦取初次样品。
5. 配制混合样品	将扦取的初次样品放入样品盛放器中混合成混合样品。
6. 配制送验样品	①根据 GB/T 3543.2—1995 中有关规定确定送验样品的质量。②按照正确的程序分取送验样品。
7. 送验样品的处理	①样品必须包装好，贴好标签，封口，以防在运输过程中损坏。②供水分测定用的送验样品，应装入防湿密封的容器内。③与发芽试验有关的送验样品可用布袋或纸袋包装。④送验样品应并附有扦样单，由扦样员尽快送到种子检验机构，不得延误。⑤经过化学处理的种子，应防止处理材料脱落，并将处理药剂的名称送交种子检验机构。⑥每个送验样品需有记号（此记号最好能把种子批与样品联系起来）。
8. 填写扦样单	监督检验扦样单必须一式三份，抽样、被检单位各一份，一份随样品送检验单位。

任务　种子扦样检验

在师傅指导带领下，针对具体工作任务起草公司种子扦样检验方案，按单位管理规定上报审批，准备好各种器具、材料、证件、文件和资料。严格按照批准的扦样方案和扦样要求的规定进行扦样、封缄，并履行有关手续；妥善保管样品，及时安全地把扦样的样品送交（或邮寄）到检验室；按照检验任务和检验规程规定，分取试验样品；遵守有关保密规定；所有使用的仪器，必须在规定的有效周期内，保证量值准确。

【任务目标与质量要求】

正确使用扦样器扦出均匀一致的初次样品，送验样品具有代表性；按照《农作物种子检验规程　扦样》准备适宜的扦样器、划分种子批、确定扦样频率，扦取初次样品、配制混合样品、配制送验样品、处理送验样品、填写扦样单；达到种子扦样检验员岗位任职要求。

【学习产出目标】

1. 掌握扦样检验的目的、样品的定义、扦样的原则。
2. 了解种子扦样员职责、种子批的封口与标志、划分与异质性测定。
3. 熟知扦样器、分样器的构造和使用方法，掌握扦取送验样品和分取试样的程序。
4. 能制订扦样检验方案。
5. 完成送验样品 4 份。
6. 填写扦样检验报告单。

【工作程序与方法要求】

程序一　种子批异质性测定

种子生产过程中各个公司对种子质量进行严格控制，出现异质性的情况比较少。当种子检验员怀疑种子批存在异质性时，需进行异质性测定，种子批异质性测定多用于袋装种子，测定程序如下。

一、种子批扦样

扦样的独立容器样品数不得少于表 3-2 的规定。

表 3-2　扦取容器数与临界 *H* 值（1%概率）

种子批的容器数	扦取的独立容器样品数	净度和发芽测定临界 *H* 值		其他种子数目测定临界 *H* 值	
		无稃壳种子	有稃壳种子	无稃壳种子	有稃壳种子
5	5	2.55	2.78	3.25	5.10
6	6	2.22	2.42	2.83	4.44
7	7	1.98	2.17	2.52	3.98
8	8	1.80	1.97	2.30	3.61
9	9	1.66	1.81	2.11	3.32
10	10	1.55	1.69	1.97	3.10
11～15	11	1.45	1.58	1.85	2.90
16～25	15	1.19	1.31	1.51	2.40
26～35	17	1.10	1.20	1.40	2.20
36～49	18	1.07	1.16	1.36	2.13
50 或以上	20	0.99	1.09	1.26	2.00

扦样的容器应严格随机选择。从容器中取出样品必须能代表种子批的各部分，应从袋子顶部、中部和底部扦取种子。每一容器扦取的种子质量应不少于规定的送检样品质量的一半。

二、测定方法

种子批的异质性可用下列项目表示。

1. 净度分析

在净度分析时，如能把某种成分分离出来（如净种子、其他植物种子或禾本科的秕粒），则可用该成分的质量分数表示。

2. 种子粒数

能计数的成分可以用种子计数来表示，如某一植物种或所有其他植物种。每份试样按质量估计大约含有 10 000 粒种子，并计算其中所挑出的植物种子数。

3. 发芽试验任一记录项目的百分率

在标准发芽试验中，任何可测定的种子或幼苗都可采用，如正常幼苗、不正常幼苗或硬实等。从每一袋样品中同时取 100 粒种子按 GB/T 3543.4 的规定进行发芽试验。

三、 *H* 值的计算

（一）净度与发芽率

$$W=\frac{\overline{X}(100-\overline{X})}{n}f$$

$$\overline{X}=\frac{\sum X}{N}$$

$$V=\frac{N\sum X^2-(\sum X)^2}{N(N-1)}$$

$$H=\frac{V}{W}-f$$

式中：N 为扦取袋样的数目；n 为每个样品中的种子估计粒数（如净度分析为 1 000 粒，其他植物种子数目分析为 10 000 粒，发芽试验为 100 粒）；X 为某样品中任一成分的质量分数或发芽率；$\overline{X}$ 为从该种子批测定的全部 X 值的平均值；W 为该检验项目的样品期望（理论）方差；V 为从样品中求得的某检验项目的实际方差；f 为得到可接受方差的多重理论方差因子，见表 3-3；H 为异质性值。

假如 N 小于 10，X 计算到小数点后两位；若 N 等于 10 或大于 10，则计算到小数点后 3 位。

（二）指定的种子数

$$W=\overline{X}\cdot f$$

式中：X 指从每个样品挑出的该类种子数。

V 和 H 的计算与前述公式相同。

如果 N 小于 10，计算到小数点后一位；如 N 等于 10 或大于 10，则计算到小数点后两位。

表 3-3　用于计算 W 和 H 值的 f 值

特性	无稃壳种子	有稃壳种子
净度	1.1	1.2
其他种子数目	1.4	2.2
发芽率	1.1	1.2

四、结果报告

表 3-2 表明当种子批的成分呈随机分布时，只有 1%概率的测定结果超过 H 值。若求得的 H 值超过表 3-2 的临界 H 值时，则该种子批存在显著的异质性；若求得的 H 值小于或等于临界 H 值时，则该种子批无异质现象；若求得的 H 值为负值时，则填报为零。异质性的测定结果应填报如下：

N 为该种子批袋数；H 为一项说明，即 H 值表明种子批有（无）显著的异质性。如果超出下列限度，则不必计算或填报 H 值：

（1）净度分析的任一成分含量高于 99.8%或低于 0.2%。

(2) 发芽率高于99%或低于1%。

(3) 指定某一植物种的种子数：每个样品小于两粒。

异质性测定工作要求：检验员在扦样前一定要做好准备工作，袋装种子需要严格按照以上步骤进行异质性测定，若该批种子存在异质性，扦样检验员应拒绝扦样。

程序二　扦样前准备

扦样员（检验员）在扦样前，应向种子经营、生产、使用单位了解该批种子的来源、产地、品种名称、种子数量，以及种子贮藏期间翻晒、虫霉、漏水和发热等有关种子质量的情况。以供分批和扦样时参考。另外，扦样员要根据被扦作物种类，准备好各种扦样必需的仪器：扦样器、样品盛放容器、送验样品袋、供水分测定的样品容器、扦样单、标签、封签、粗天平等。

扦样前准备工作要求：细心、工作积极主动，在师傅的带领下对种子质量的情况了解全面、准确。

程序三　检查划分种子批

一、种子批大小

根据种子批的概念，必须是同一作物品种、种子质量基本一致，并在表3-4所规定的质量（其容许差距为5%）之内的种子划分为一个种子批。种子批质量超过规定要求，应划分几个种子批，分别从每个种子批扦取送验样品。

在种子无异质性的情况下，包衣种子的种子批的最大质量可与表3-4所规定的最大质量相同，种子批的最大种子粒数限额为1×10^9粒（即10 000个单位，每单位为100 000粒种子），但是种子批的最大质量（包括各种包衣材料或薄膜）不得超过42 000 kg（即40 000 kg加上5%的容许误差）。用单位粒数表示种子批大小时，该种子批的总质量应在检验报告上填写。

二、种子批处于便于扦样状况

被扦种子批的堆放应便于扦样，扦样人员至少能靠近种子批堆放的两个面进行扦样。如果达不到这一要求，必须要求移动种子袋。

三、检查种子袋封口和标识

所有盛装的种子袋必须封口，并有一个相同的批号或编码的标签，此标识必须记录在扦样单或样品袋上。

表 3-4　农作物种子批的最大质量和样品最小质量

种(变种)名	种子批的最大质量/kg	样品最小质量/g		
		送验样品	净度分析试样	其他植物种子计数试样
1.洋葱	10 000	80	8	80
2.葱	10 000	50	5	50
3.韭葱	10 000	70	7	70
4.细香葱	10 000	30	3	30
5.韭菜	10 000	100	10	100
6.苋菜	5 000	10	2	10
7.芹菜	10 000	25	1	10
8.根芹菜	10 000	25	1	10
9.花生	25 000	1 000	1 000	1 000
10.牛蒡	10 000	50	5	50
11.石刁柏	20 000	1 000	100	1 000
12.紫云英	10 000	70	7	70
13.裸燕麦(莜麦)	25 000	1 000	120	1 000
14.普通燕麦	25 000	1 000	120	1 000
15.落葵	10 000	200	60	200
16.冬瓜	10 000	200	100	200
17.节瓜	10 000	200	100	200
18.甜菜	20 000	500	50	500
19.叶甜菜	20 000	500	50	500
20.根甜菜	20 000	500	50	500
21.白菜型油菜	10 000	100	10	100
22.不结球白菜	10 000	100	10	100
23.芥菜型油菜	10 000	40	4	40
24.根用芥菜	10 000	100	10	100
25.叶用芥菜	10 000	40	4	40
26.茎用芥菜	10 000	40	4	40
27.甘蓝型油菜	10 000	100	10	100
28.芥蓝	10 000	100	10	100
29.结球甘蓝	10 000	100	10	100
30.球茎甘蓝(苤蓝)	10 000	100	10	100
31.花椰菜	10 000	100	10	100

续表3-4

种(变种)名	种子批的最大质量/kg	样品最小质量/g		
		送验样品	净度分析试样	其他植物种子计数试样
32.抱子甘蓝	10 000	100	10	100
33.青花菜	10 000	100	10	100
34.结球白菜	10 000	100	4	40
35.芜菁	10 000	70	7	70
36.芜菁甘蓝	10 000	70	7	70
37.木豆	20 000	1 000	300	1 000
38.大刀豆	20 000	1 000	1 000	1 000
39.大麻	10 000	600	60	600
40.辣椒	10 000	150	15	150
41.甜椒	10 000	150	15	150
42.红花	25 000	900	90	900
43.茼蒿	5 000	30	8	30
44.西瓜	20 000	1 000	250	1 000
45.薏苡	5 000	600	150	600
46.圆果黄麻	10 000	150	15	150
47.长果黄麻	10 000	150	15	150
48.芫荽	10 000	400	40	400
49.柽麻	10 000	700	70	700
50.甜瓜	10 000	150	70	150
51.越瓜	10 000	150	70	150
52.菜瓜	10 000	150	70	150
53.黄瓜	10 000	150	70	150
54.笋瓜	20 000	1 000	700	1 000
55.南瓜	10 000	350	180	350
56.西葫芦	20 000	1 000	700	1 000
57.瓜尔豆	20 000	1 000	100	1 000
58.胡萝卜	10 000	30	3	30
59.扁豆	20 000	1 000	600	1 000
60.龙爪稷	10 000	60	6	60
61.甜荞	10 000	600	60	600
62.苦荞	10 000	500	50	500

续表3-4

种(变种)名	种子批的最大质量/kg	样品最小质量/g		
		送验样品	净度分析试样	其他植物种子计数试样
63. 茴香	10 000	180	18	180
64. 大豆	25 000	1 000	500	1 000
65. 棉花	25 000	1 000	350	1 000
66. 向日葵	25 000	1 000	200	1 000
67. 红麻	10 000	700	70	700
68. 黄秋葵	20 000	1 000	140	1 000
69. 大麦	25 000	1 000	120	1 000
70. 蕹菜	20 000	1 000	100	1 000
71. 莴苣	10 000	30	3	30
72. 瓠瓜	20 000	1 000	500	1 000
73. 兵豆(小扁豆)	10 000	600	60	600
74. 亚麻	10 000	150	15	150
75. 棱角丝瓜	20 000	1 000	400	1 000
76. 普通丝瓜	20 000	1 000	250	1 000
77. 番茄	10 000	15	7	15
78. 金花菜	10 000	70	7	70
79. 紫花苜蓿	10 000	50	5	50
80. 白香草木樨	10 000	50	5	50
81. 黄香草木樨	10 000	50	5	50
82. 苦瓜	20 000	1 000	450	1 000
83. 豆瓣菜	10 000	25	0.5	5
84. 烟草	10 000	25	0.5	5
85. 罗勒	10 000	40	4	40
86. 稻	25 000	400	40	400
87. 豆薯	20 000	1 000	250	1 000
88. 黍(糜子)	10 000	150	15	150
89. 美洲防风	10 000	100	10	100
90. 香芹	10 000	40	4	40
91. 多花菜豆	20 000	1 000	1 000	1 000
92. 利马豆	20 000	1 000	1 000	1 000
93. 菜豆	25 000	1 000	700	1 000

续表3-4

种(变种)名	种子批的最大质量/kg	样品最小质量/g		
		送验样品	净度分析试样	其他植物种子计数试样
94.酸浆	10 000	25	2	20
95.茴芹	10 000	70	7	70
96.豌豆	25 000	1 000	900	1 000
97.马齿苋	10 000	25	0.5	5
98.四棱豆	25 000	1 000	1 000	1 000
99.萝卜	10 000	300	30	300
100.食用大黄	10 000	450	45	450
101.蓖麻	20 000	1 000	500	1 000
102.鸦葱	10 000	300	30	300
103.黑麦	25 000	1 000	120	1 000
104.佛手瓜	20 000	1 000	1 000	1 000
105.芝麻	10 000	70	7	70
106.田菁	10 000	90	9	90
107.粟	10 000	90	9	90
108.茄子	10 000	150	15	150
109.高粱	10 000	900	90	900
110.菠菜	10 000	250	25	250
111.黎豆	20 000	1 000	250	1 000
112.番杏	20 000	1 000	200	1 000
113.婆罗门参	10 000	400	40	400
114.小黑麦	25 000	1 000	120	1 000
115.小麦	25 000	1 000	120	1 000
116.蚕豆	25 000	1 000	1 000	1 000
117.箭舌豌豆	25 000	1 000	140	1 000
118.毛叶苕子	20 000	1 080	140	1 080
119.赤豆	20 000	1 000	250	1 000
120.绿豆	20 000	1 000	120	1 000
121.饭豆	20 000	1 000	250	1 000
122.长豇豆	20 000	1 000	400	1 000
123.矮豇豆	20 000	1 000	400	1 000
124.玉米	40 000	1 000	900	1 000

四、检查种子批均匀度

确定种子批已进行适当混合、掺匀和加工，尽可能达到均匀一致。不能有异质性的文件记录或其他迹象。若存疑，可按规定的异质性测定方法进行测定。

种子批划分工作要求：必须严格按照农作物种子批的最大质量要求划分。只要超过最大质量就划分为 2 个种子批。

程序四　确定扦样频率，扦取初次样品

根据种子包装和堆放方式不同，扦取初次样品的频率（通常称为点数），要根据扦样容器（袋）的大小和类型而定，主要有以下几种情况。

一、袋装种子

（一）计算扦样袋数

《农作物种子检验规程》中所指的袋装种子是指在一定量值范围内的定量包装，其质量的量值范围规定在 15～100 kg，超过这个质量范围即不是规程中所述的袋装种子，这一点必须引起注意，不是指凡是用袋进行包装就是袋装。对于在规定范围内的袋装种子，可依据种子批袋数确定扦样袋数，以表 3-5 规定的扦样频率作为最低要求。在实践中，一般扦样前先了解被扦种子批的总袋数，再按表 3-5 确定至少需扦取的袋数。

表 3-5　袋装种子的最低扦样频率

种子批的袋（容器）数	扦样的最低袋（容器）数
1～5	每袋都扦取，至少扦取 5 个初次样品
6～14	不少于 5 袋
15～30	每 3 袋至少扦取 1 袋
31～49	不少于 10 袋
50～400	每 5 袋至少扦取 1 袋
401～560	不少于 80 袋
561 及以上	每 7 袋至少扦取 1 袋

另外，当种子装在小容器中，如金属灌、铝箔袋、塑料袋或零售包装时，规定其质量的量值范围等于或小于 15 kg，则用以下方法扦样：以 100 kg 种子作为扦样的基本单位。小容器合并的质量不超过此质量。例如，20 个 5 kg 的容器、30 个 3 kg 的容器、10 个 10 kg 的容器，为了便于扦样，将每个基本单位视为一个“袋装”，然后按表 3-5

的规定确定扦样频率。如有一种子批，每一容器盛装 5 kg 的种子，共有 600 个容器，据此，可确定共有 30 个基本单位，因此至少应扦取 10 个初次样品。

对于具有密封的小包装（如瓜菜种子），这些小包装种子质量只有 200 g、100 g 和 50 g 或更小，则可直接取一小包装袋作为初次样品，并根据所需的送验样品数量来确定袋数，随机从种子批中抽取。

（二）设置扦样点

在收购、加工、调运、装卸扦样时按规定的扦样频率每隔一定袋数设定扦样点，在种子仓储堆垛的情况下，扦样点应均匀分布于堆垛的上、中、下各个部分。

（三）扦取初次样品

1. 袋装种子扦样

根据种子的大小、形状、包装，选用不同的扦样器扦取初次样品。一般袋装种子可用单管扦样器、双管扦样器和带筒式单管扦样器等。因扦取的种子不同，单管扦样器有很多种型号和规格。该工具总长约 50 cm，管的直径约 1.5 cm。金属管上有纵向斜槽形切口，槽约长 30 cm，宽约 0.8 cm，管的先端尖锐，约长 5 cm，管下端略粗与手柄相连接，手柄约长 15 cm，中空，便于种子流出。选择扦样器要掌握的原则是扦样器长度略短于被扦容器的斜角长度。单管扦样器扦取袋装种子的程序：

（1）清洁扦样器与盛样器。

（2）扦样器尖端先拨开种子袋一角的扦孔，槽孔朝下，尖端朝上与水平约成 30°向上倾斜慢慢插入袋内；直达袋的中心。

（3）将扦样器旋转 180°使槽孔朝上，摇动使扦样器全部装满种子。

（4）慢慢抽出扦样器，将种子倒入准备好的样品袋或其他容器中。

（5）用扦样器尖端对着槽洞相对方向拨几下，拨好扦孔使麻线合并在一起。密封纸袋可用纸粘好扦孔。

2. 散装种子扦样

散装种子扦样器主要有双管扦样器、长柄短筒圆锥形扦样器、圆锥形扦样器等（图 3-1）。其中，长柄短筒圆锥形扦样器是我国最常用得散装种子扦样器，常用的双管扦样器的规格大小见表 3-6。

表 3-6　双管扦样器规格

适用种子类型（容器）	扦样器长度/mm	外径/mm	小孔数目
小粒易流动种子	762	12.7	9
禾谷类	762	25.4	6
	1 600	38.0	6～9

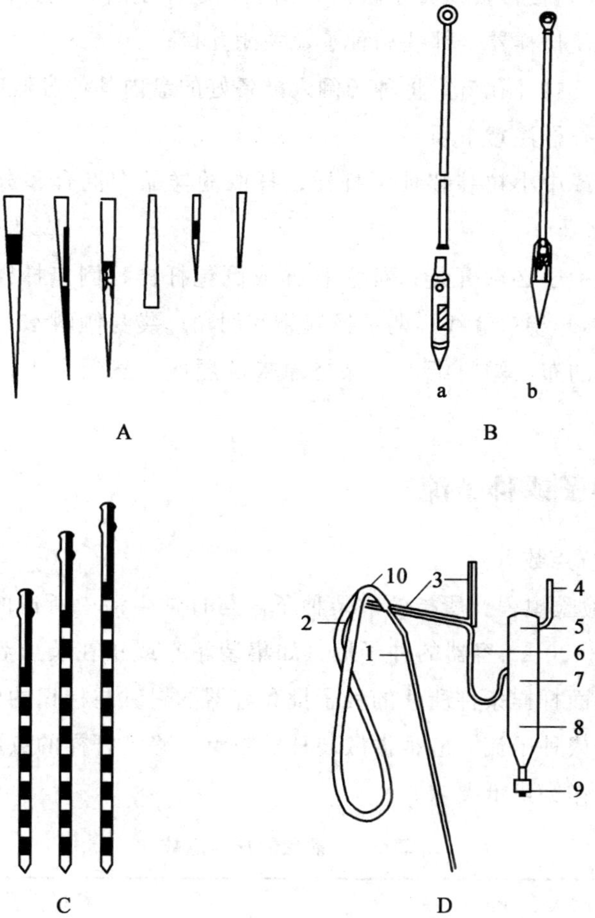

A. 单管扦样器　B. 圆锥形扦样器　a. 长柄短筒圆锥形扦样器　b. 圆锥形扦样器　C. 双管扦样器　D. 气吸式扦样机　　1. 扦样管　2. 皮管　3. 支持杆　4. 排气管　5. 排气管　6. 曲管　7. 减压室　8. 样品收集室　9. 玻质观察管　10. 连接夹

图 3-1　种子扦样器的种类

（1）双管扦样器扦取袋装种子的程序：

①清洁扦样器与盛样器；

②扦样器关闭状态，插入种子堆；

③旋转内管，内外开口相合，打开孔口，使种子落入小室内，微微震动，使小室内装满种子；

④旋转内管，关闭小室；

⑤抽出扦样器，将种子倒入准备好的样品袋或其他容器中。

（2）长柄短筒圆锥形扦样器扦取袋装种子的程序：

①清洁扦样器与盛样器，旋紧螺丝；

②扦样器以30°角慢慢插入种子堆内，到达一定深度后，用力向上一拉，使活动塞离开进谷门，摇动使扦样器全部装满种子，关闭孔口；

③抽出扦样器，打开孔口，将种子倒入准备好的盘内其他容器中。

(3) 袋装种子扦样注意事项

①不论是大粒或中小粒袋装种子扦样，扦取的样品在混合和分样时要保证不发生混杂。

②棉花、花生种子必须开袋口徒手扦样或倒包扦样，倒包扦样时，下垫一块洁净的布（塑料布），拆开袋口缝线用两手掀起袋底两角，袋身倾斜45°，徐徐后退1 m，将种子全部倒在清洁的布或塑料纸上，保持原来的层次，然后分上、中、下不同位置徒手取出初次样品。

二、散装种子或种子流

（一）确定扦样点数

《农作物种子检验规程》所指的散装种子，与日常生活中所述的“散装”是有所不同的，它是指大于100 kg容器的种子批（如集装箱）或正在装入容器的种子流，这里的散装必须满足前面扦样条件所述的种子批和容器的封缄与标识的要求。

对于散装种子或种子流，应根据散装种子数量，确定扦样的点数，表3-7规定的散装种子扦样点数应作为最低要求。

表3-7　散装的扦样点数

种子批大小/kg	扦样点数
50以上	不少于3点
51～1 500	不少于5点
1 501～3 000	每300 kg至少扦取1点
3 001～5 000	不少于10点
5 001～20 000	每500 kg至少扦取1点
20 001～28 000	不少于40点
28 001～40 000	每700 kg至少扦取1点

表3-5和表3-7中所规定的扦样频率，在实际操作中非常麻烦，经过多年的研究和统计分析，《国际种子检验规程》做了修订（表3-8和表3-9）。

（二）设点

在划分好的种子批内，按照扦样点数，进行设点，从上、中、下不同层次扦取。一般扦样点要均匀分布在散装种子批表面，四角各点至少要距仓壁50 cm。

表 3-8　容量为 15～100 kg 的多容器种子批最低扦样频率

容器数目	扦取初次样品的最低数目
1～4 个容器	每个容器扦取 3 个初次样品
5～8 个容器	每个容器扦取 2 个初次样品
9～15 个容器	每个容器扦取 1 个初次样品
16～30 个容器	种子批中扦取 15 个初次样品
31～59 个容器	种子批中扦取 20 个初次样品
60 个容器及以上	种子批中扦取 30 个初次样品

表 3-9　从大于 100 kg 容器的种子批或从正在装入容器的种子流中取样的最低扦样频率

种子批大小	扦取初次样品的数目
500 kg 以下	至少扦取 5 个初次样品
501～3 000 kg	每 300 kg 扦取 1 个初次样品，但不得少于 5 个
3 001～20 000 kg	每 500 kg 扦取 1 个初次样品，但不得少于 10 个
20 001 kg 及以上	每 700 kg 扦取 1 个初次样品，但不得少于 40 个

（三）按堆高分层

种子堆高不足 2 m 时分上、下两层，堆高 2～3 m 时分上、中、下三层，上层在距顶部以下 10～20 cm 处，中层在种子堆中心下层距底部 5～10 cm 处。堆高 3 m 以上再加一层。

（四）扦取初次样品

1. 长柄短筒锥形扦样器

长柄短筒圆锥形扦样器是最常用的散装种子扦样器。根据扦样点位置，先扦上层、然后扦中层、最后扦下层，以免搅乱层次而使样品失去代表性。其扦样程序为：

（1）清洁扦样器和盛样器。

（2）关闭进谷门，插入袋中。

（3）到达一定深度后，用力向上拉，使活动塞离开进谷门，略加震动，种子即掉入门内。

（4）关闭进谷门，然后抽出扦样器，把种子倒入盛样器中。

2. 自动扦样器

自动扦样器可定时从种子流动带上扦取样品。扦样间隔时间和每次扦取的种子数量可以调节。混合样品的大小取决于加工速率、扦取初次样品的频率和扦取初次样品的时间。其扦样程序为：

（1）种子流必须是一致的和连续的。

(2) 所使用的扦样器必须清洁，必要时可重装。

(3) 负责扦样的扦样员必须定期对扦样器进行校准和确认。

3. 手工方法

手工方法从种子流中扦样的程序（适用于均匀和连续的种子流）为：

(1) 从种子流中取得初次样品，放入一个横截面宽于种子流的容器，不允许种子进入扦样容器后反弹出来。

(2) 扦样容器和盛样器必须干净。

(3) 在加工时以相同的间隔扦取初次样品，使种子样品有代表性。

三、包衣种子扦样频率

对于种子带，如果为散装，按表 3-7 规定的频率进行扦样，丸化种子和包膜种子的种子批按表 3-5 规定的频率进行扦样。如果以包或以卷的形式包装，则将含有 2 000 000 粒（即 20 个单位，每单位 100 000 粒种子）凑成一个基本单位，视为一个“容器”，按表 3-5 规定的频率，随机抽取若干成包、成卷种子带。

种子扦样的工作要求：根据被扦种子批的包装和堆放方式，严格按照规定确定至少需扦取的袋数。确保扦出的初次样品能代表种子批质量。

程序五　配制混合样品

将扦取的初次样品放入样品盛放器中混合成混合样品。注意千万不能把样品袋套在扦样器上让种子自流组成混合样品。

配制混合样品的工作要求：严格规范操作，充分混匀。

程序六　制备送验样品

假如混合样品的数量与送验样品规定的数量相等时，即可将混合样品作为送验样品。若混合样品数量较多时，即可从中分出规定数量的送验样品。

一、送验样品的质量

不同作物检测所需送验样品的质量在 GB/T 3543.2—1995 中有明确规定，分为三类：①水分测定，需磨碎的种类为 100 g，不需磨碎的为 50 g。② 品种纯度鉴定，按 GB/T 3543.5—1995《农作物种子检验规程　真实性与品种纯度鉴定》的规定执行。③所有其他项目测定，包括净度分析、其他植物种子数目测定、采用净度分析后净种子作为试样的发芽试验、生活力测定、质量测定、种子健康测定等，其送验样品数量按表 3-4 规定的最小质量执行。如果送验样品小于规定质量时，应通知扦样员补足后再进行分析。但某些特殊品种、杂交种等种子批可以例外，允许较少数量的送验样品，如不进行其他植物种子数目测定，送验样品至少达到表 3-4 净度分析试验样品规定的质量，并在检验报告上加以说明。

包衣种子送验样品不得小于表 3-10 所规定的粒数。如果样品较少，应在检验报告上注明。因为包衣种子所含的种子数比非包衣种子样品要少，所以在扦样前必须特别注意所扦的样品能保证代表种子批。在扦样、处理和运输过程中，要避免包衣材料的脱落，将样品装在合适容器内寄送。

表 3-10　包衣种子送验样品大小

检测项目	送验样品最低数量/粒		
	丸化	包膜	种子带
净度分析	7 500	7 500	2 500
种的鉴定	—	—	2 500
其他植物种子数目测定	10 000	25 000	10 000
发芽试验	7 500	7 500	2 500
质量测定	7 500	7 500	—
大小分级	10 000	10 000	—

二、送验样品的分取

一般在仓库或现场配制好混合样品后，即可称其质量，若混合样品质量与送验样品规定的质量相符，即可作为送验样品。若数量较多时，可用机械分样器或徒手减半分取法分出足够数量的送验样品。当仓库或现场没有分样器具时，也可将混合样品带到检验室进行分样。实验室分样程序如下（图 3-2）：

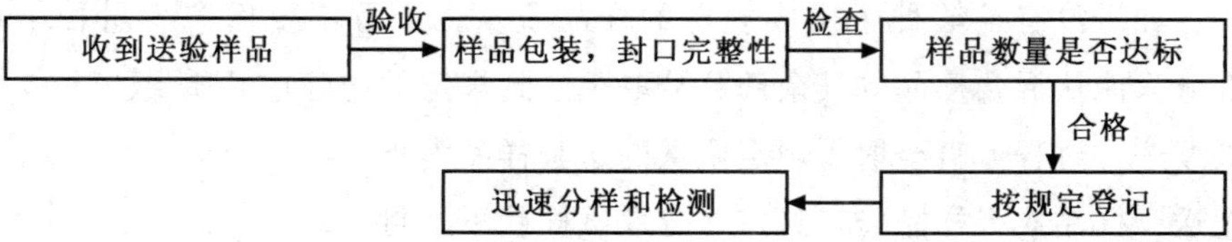

图 3-2　分样程序

注意：检验员接到送验样品，检查验收合格后，若不及时进行分样和检测，应将样品保存在凉爽、通风的样品贮藏室内。

试验样品的分取程序如下：

首先将送验样品充分混合，然后用分样器经多次对分法或抽取递减法分取供各项测定用的试验样品，其质量必须与规定质量相一致。

重复样品应独立分取，在分取第一份试样后，第二份试样或半试样应从送验样品一分为二的另一部分中分取。

1. 机械分取法

(1) 横格式分样器使用范围及操作程序　横格式分样器适用于大粒种子和有稃壳的种子，有些也适用于小粒种的横格式分样器（图 3-3）。横格式分样器的操作程序如下：

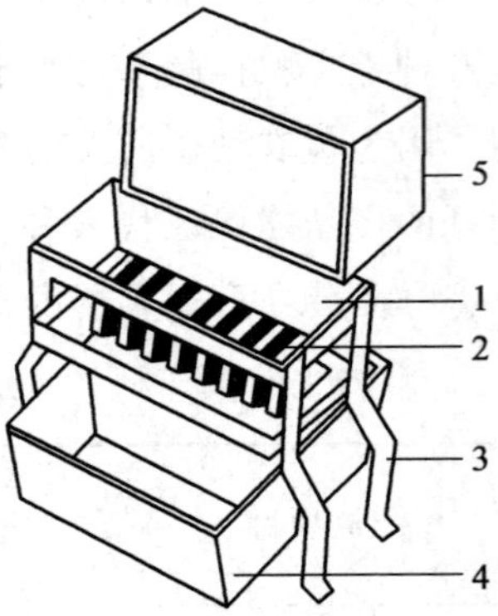

1. 漏半　2. 格子和凹槽　3. 支架
4. 盛接器　5. 倾倒盘

图 3-3　横格式分样器

①检查分样器和盛样器是否干净。

②将分样器置于比较坚固的水平表面上。

③盛样器放在两边，记为盛样器 A 和 B。

④把混合样品放入盛样器 C，把 C 中的种子沿着整个漏斗等速倒入分样器，使两边有同样数量的种子。

⑤把 A 和 B 中的种子倒入 C 重新混合，空的盛样器 A 和 B 放在分样器两边，把 C 中的种子再倒入漏斗中。

⑥对于易流动种子，重复步骤⑤一次；对于带稃壳的种子，重复两次。

注意：必须使种子达到随机混合。

⑦在分样器漏斗下有 A 和 B 两个盛样器，每一个含有混合样品的一半种子。把 A 中种子放入另一盛放器后再把 A 放在漏斗下，移去 B，用空 C 来代替。

注意：这一步骤，GB/T 3543.2 与《国际种子检验规程》规定有所不同。

⑧倒 B 中的种子至漏斗，这样 A 中有 1/4 种子，C 有 1/4 种子。

⑨A 移到另一混合样品盛放器中，把空盛放器 A 和 B 放在漏斗下。

⑩把 C 中的种子倒入漏斗中。

注意：如果没有足够种子构成规定的样品质量，千万不要用拿少量种子来补充。缺少的部分只能从混合样品的其余部分分取至达到规定的送验样品质量。

⑪继续这一过程，直至取得规定质量的送验样品为止。

⑫把送验样品放入样品袋，封口（分取试样就不必封口）。

⑬确认样品袋上有样品标签标识信息。

(2) 钟鼎式分样器的使用范围和操作步骤　钟鼎式分样器有两种类型，一类是适用于小粒种子（即小于小麦种子），另一类适用于大粒种子（等于或大于小麦种子）。钟鼎式分样器分样（图 3-4，图 3-5），按下列步骤操作：

①检查分样器和盛样器是否干净。

②将分样器置于比较坚固的水平表面上。

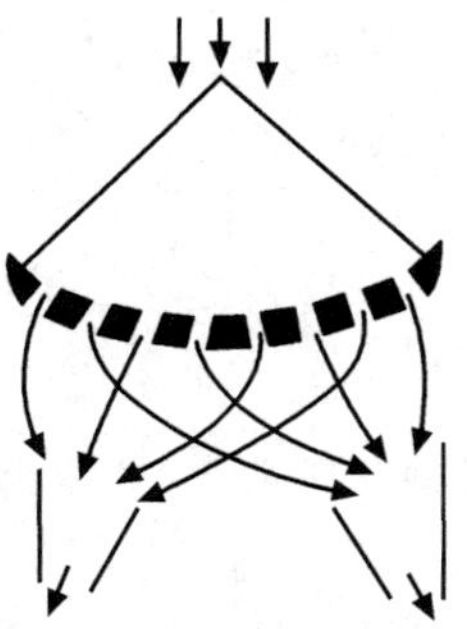

图 3-4 钟鼎式分样器的分样原理示意图

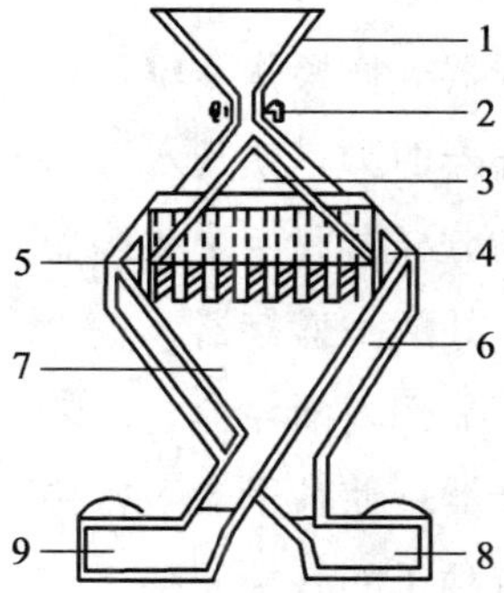

1. 漏斗 2. 活门 3. 圆锥体 4. 流入内层各格 5. 流入外层各格 6. 外层 7. 内层 8～9. 盛接器

图 3-5 钟鼎式分样器

③把盛样器放在每一边，记为盛样器 A 和 B。

④把混合样品放入盛样器 C，把 C 中的种子放入漏斗，铺平，用手迅速拨开活门，使种子迅速下落。

⑤把 A 和 B 的种子倒入 C 中重新混合，空的盛样器 A 和 B 放在分样器两边，把 C 中的种子再倒入漏斗中。

⑥重复步骤⑤ 2～3 次。

注意：必须使种子达到随机混合。

⑦在分样器漏斗下放盛样器 A 和盛样器 B，每一个含有混合样品的一半种子。把 A 中种子放入另一盛放器后再把 A 放在漏斗下，移去 B，用空 C 来代替。

⑧倒 B 中的种子至漏斗，这样 A 中有 1/4 种子，C 中有 1/4 种子。

⑨A 中的种子移到混合样品盛放器中（通常有盖），用空盛放器 A 和 B 放在漏斗下。

⑩把 C 中的种子倒入漏斗中。

注：如果没有足够种子构成规定的样品质量，千万不要采用拿少量种子来补充。缺少部分只能从混合样品的其余部分分取至达到规定的送验样品质量。

⑪继续这一过程，从另一边取一容器，直至另一送验样品达到规定质量为止。

⑫把送验样品放入样品袋，并封口（分取试样就不必封口）。

⑬确认样品袋上有样品袋标签标识信息。

（3）离心式分样器的使用范围和操作步骤

离心分样器是应用离心力混合并把种子撒播在分离面上。离心分样器中种子经过漏斗到浅橡皮杯或旋转器内向下流动。由马达带动旋转，种子即被离心力抛出落下。种子落下的圆周或面积由固定的隔板相等地分成两部分。因此，大约一半种子流到一个出口，其余一半流到另一出口。

离心式分样器分样操作步骤：

①调节分样器的脚，使其水平。

②核查清洁分样器和四个盛接器。

③每一出口处放一盛接器。

④将全部样品倒入漏斗盒，当装入漏斗时，种子必须始终倒在中心。

⑤启动旋转器，使种子流入盛接器。

⑥取出装有种子的盛接器换上空盛接器，将两个盛接器内装有的种子一起倒入漏斗，这样种子会边倒入边自然混匀，再启动旋转器。

⑦重复步骤⑥一次。

⑧取出装有种子的两个盛接器分别换上空盛接器，将装有种子的盛接器搁置不用，另一个盛接器内的种子倒入漏斗，然后启动旋转器。

⑨这个程序重复进行，直至分到与规定质量相当的送验样品（或试验样品）为止。

（4）徒手减半分取法

机械分样器不适用于有稃壳的种子的分样，相反，用徒手分取却能获得满意的结果。有稃壳、不易流动的种子（如水稻种子）就可使用此法。

《国际种子检验规程》规定的徒手减半分取法可采用下列步骤：

①将种子均匀地倒在一个光滑洁净的平面上。

②用平边刮板将种子充分混匀形成一堆。

③将整堆种子分成两半，每半再对分一次，这样得到四个部分。然后把其中每一部分再减半，共分成八个部分，排成两行，每行四个部分。

④合并和保留交错部分，如第1行的第1和第3部分与第2行的第2和第4部分合并。

⑤把第4步保留的部分，按②、③、④步重复分样，直至分得所需的样品质量为止。

GB/T 3543.2规定的四分法与上述方法稍有差异，即将对角线的两个对角的样品合并。

制备送验样品的工作要求：送验样品的质量不得低于规定的最小质量，认真操作，得到有代表性的送验样品。

程序七　送验样品的处理

样品必须包装好，以防在运输过程中损坏。供水分测定用的送验样品，应装入防湿密封的容器内；与发芽试验有关的送验样品可用布袋或纸袋包装。贴好标签，封口。

送验样品应由扦样员尽快送到种子检验机构，不得延误。经过化学处理的种子，应将处理药剂的名称送交种子检验机构。每个送验样品应有记号（记号最好能把种子批与样品联系起来），并附有扦样证明书。

送验样品的处理工作要求：在师傅的带领下严格按照程序要求操作并送到目的地。

程序八　扦样单填写

监督检验中扦样单必须一式三份，抽样、被检单位各一份，一份随样品送检验单位。一般检验时也可以一式两份，一份交检验室，另一份交被扦单位保存。

案例　小麦种子扦样

某小麦种子批，共有 10 袋，扦样员在扦样时怀疑有异质性。在实际工作中如何测定？

1. 扦样

本案例中应扦取 10 个 200 g 的袋样。扦取袋样时，应分别在袋的顶部、中部和底部取得少量种子。

2. 测定方法

异质性可用净度分析、发芽试验和其他植物种子数目等测定项目的结果表示，本例选用发芽试验。从 10 个袋样中各取出试样 100 粒，进行发芽试验，采用正常幼苗数作为测定的结果。经试验，测得发芽率分别为 90％、98％、95％、96％、92％、94％、99％、97％、87％、98％。

3. 计算 H 值

已知：袋样数目 $N=10$

每个样品的种子数 $n=100$

$$\overline{X}=\frac{\sum X}{N}=\frac{90+98+95+\cdots+98}{10}=94.6$$

$$\sum X^2=90^2+98^2+95^2+\cdots+98^2=89\ 628$$

$$(\sum X)^2=(90+98+95+\cdots+98)^2=946^2=894\ 916$$

代入下列公式：

$$W=\frac{\overline{X}(100-\overline{X})}{n}=\frac{94.6\times(100-94.6)}{100}=5.108$$

$$V=\frac{N\sum X^2-(\sum X)^2}{N(N-1)}$$

$$=\frac{10\times 89\ 628-894\ 916}{10\times 9}=\frac{1\ 364}{90}=15.156$$

计算时应注意 N 等于或大于 10，W 和 V 的小数位数保留 3 位。

$$异质性（H\ 值）=\frac{V}{W}-f=\frac{15.156}{5.108}-1.1=2.97-1.1=1.87$$

查表 3-2 临界 H 值，10 袋的显著异质性 H 值是 1.41，现计算得实际异质性 H 值为 1.97，超过规定 H 值，即表明该批种子存在显著的异质性，应拒绝扦样。

4. 检验报告

在结果报告的“其他测定项目”中填报异质性的测定结果：“$\overline{X}$ 为 94.6，N 为 10，该种子批共 10 袋，H 值为 1.87，表明该种子批有显著的异质性，拒绝扦样。”

【业务经验】

1. 实际工作中，做全面检验时必须送交四份送验样品吗？

实际工作中，做全面检验的样品，可用两份样品，一份是要求特殊包装的供水分测定的样品（在扦样场地完成），另外三份送验样品可以混合在一起送交，然后在检验室进行分样，不一定要单独扦取三份样品。

2. 在做种子全面检验时，在操作细节上应注意哪些环节？

（1）水分是一个容易变化的种子质量特性，当进行全面检测时应该首先检测。供水分测定的送验样品必须在扦样场所就密封包装。

（2）假如送验者要求同时进行净度分析和其他植物种子数目测定时，送验样品要达到规程规定其他植物种子数目测定的数量。检验员可以用同一份送验样品，先进行净度分析，再测定其他植物种子数目。

（3）净度分析时，若发现有重型混杂物，应首先从试验样品中取出，计算其质量占样品总质量的百分数，然后分出保留样品和净度分析的试样，做净度分析。

（4）净度分析后的净种子可进行发芽试验、生活力测定、质量测定和种子健康测定。一般这四个项目中，先做发芽率测定，如果发现有休眠种子需做生活力测定或破除种子休眠后测定发芽率。

（5）种子健康测定，试验样品可以从净种子中取得，数量多时也可从送验样品中取得。

3. 实际工作中，检验员在接到送验样品后应做哪些工作？

（1）品种真实性和纯度测定在程序中列在最后一项，但在实际工作中，检验员应该拿到送验样品后及早安排播种，进行小区种植鉴定。

（2）检验员在接到送验样品后，检验前应进行样品的分取工作，利用适宜的分样器，经过多次混样、分样，取有代表性的规定数量的试验样品，然后再进行各个项目的分析、检验和鉴定工作。

（3）检验员在接到送验样品后需登记送验者单位、姓名、通信地址、作物品种名称、样品来源产地、种子批数量、样品质量、检验项目等，进行样品编号，然后附上登记卡，将已登记的样品送往分样室分取试验样品，再将已分好的试验样品和登记卡送到净度分析等各实验室进行检测，并将原始数据记录和计算结果填写在登记卡上。最后将剩余样品送到贮藏室编号保存。

【工作任务实施记录与评价】

1. 种子扦样检验任务考核与评价方法

考核内容	考核标准	参考分值	自我评价	师傅评价
检验方案（15分）	方案依据被检对象制订完整，操作性强	11～15		
	方案依据被检对象制订基本完整，操作性较强	6～10		
	方案依据被检对象制订不完整，无法操作	0～5		
异质性测定（10分）	能够进行异质性测定，操作正确，结果正确	6～10		
	异质性测定操作基本正确，结果基本正确	3～5		
	操作不正确，结果不正确	0～2		
扦样前准备（10分）	准确完成扦样前的准备工作	6～10		
	基本完成扦样前的准备工作	3～5		
	不能完成扦样前的准备工作	0～2		
种子批划分（10分）	正确完成扦样工作	6～10		
	基本完成扦样工作	3～5		
	不能准确完成扦样工作	0～2		
扦取初次样品（15分）	扦样频率确定准确，初次样品扦取规范，样品有代表性	11～15		
	扦样频率确定准确，初次样品扦取基本规范，样品代表性不强	6～10		
	扦样频率确定不准确，初次样品扦取不规范，样品无代表性	0～5		
配制混合样品（10分）	混合样品配制操作规范	6～10		
	混合样品配制操作基本规范	3～5		
	混合样品配制操作不规范	0～2		

续表

考核内容	考核标准	参考分值	自我评价	师傅评价
制备送验样品（10分）	水分测定、发芽试验有关的送验样品包装正确，标签、封口完好，按时送交种子检验机构	6～10		
	水分测定、发芽试验有关的送验样品包装有误，标签、封口完好，按时送交种子检验机构	3～5		
	水分测定、发芽试验有关的送验样品包装正确，标签、封口完好，未按时送交种子检验机构	0～2		
送验样品处理（10分）	能够准确根据不同检测目的进行送验样品处理	6～10		
	送验样品处理基本正确	3～5		
	送验样品处理不正确	0～2		
扦样单填写（10分）	扦样检验结果报告单填写规范、内容准确	6～10		
	扦样检验结果报告单填写基本规范、内容准确	3～5		
	扦样检验结果报告单填写不规范、内容有误	0～2		
合　计				

2. 种子质量扦（抽）样单

受检单位		邮编	
		电话	
抽样单位		样品编号	
作物种类		用封条数	
样品等级		品种（组合）名称	
来源（世代）		商标	
生产单位		存入地点	
收获年份		堆放形式	
抽样基数		抽样方法	
型号规格		样品状态	
样品数量		抽样日期	
抽样依据		自报质量	
抽样程序		种子批号	
化学处理说明			
受检单位（公章） 保管员签字：		抽样单位（公章） 抽样人员签字：	
备注			

3. 学徒关键职业能力及职业品质、工匠精神评价

项目	A	B	C	D
工作态度				
吃苦耐劳				
团队协作				
沟通交流				
科学严谨				
认真负责				
诚实守信				

4. 种子扦样检验项目总体评价

<table>
<tr><th>师傅指导记录</th><th>总体评价</th><th>评价成绩</th></tr>
<tr><td rowspan="2"></td><td rowspan="2"></td><td></td></tr>
<tr><td>年　　月　　日</td></tr>
</table>

项目二 种子室内检验

【专业知识准备】

一、种子检验程序

种子室内检验是指种子收获后在室内对其播种品质和纯度进行的检验。首先是扦取有代表性的种子样品，然后按规定的程序和方法，用相应的仪器进行测定。测定的项目：①净度，以除去杂质后的种子占检验样品总质量的百分数表示。②发芽力，包括发芽势和发芽率，通过发芽试验测定。③水分，即种子的含水量，以百分数表示。④千粒重，即 1 000 粒种子的质量（有些大粒种子计算 500 粒的质量），以克为单位表示。⑤品种纯度。⑥其他项目测定。

种子室内检测程序一般先测定水分，后分析净度，最后测定其他检验项目。在操作时，应严格按照种子检验程序进行操作，不能随意改变。种子检验程序见图 3-6。

二、容许误差

（一）容许误差及相关的概念

GB/T 3543.1—1995 规定的容许误差表比较全面，这些表格都有其适用的条件，如果不严格按照规程规定的条件进行操作，这些表格就不再适用。

（1）容许误差　两差异不显著的值之间所能容许最大差异，两值可以是两个估测值或一个规定值和一个估测值。

（2）估测值　检测种子样品所获得的某一质量特性（如发芽率、纯度、净度等指标）的测定值。

（3）规定值　在法律、条例、标准或合同中规定的种子质量指标所能容许的最低

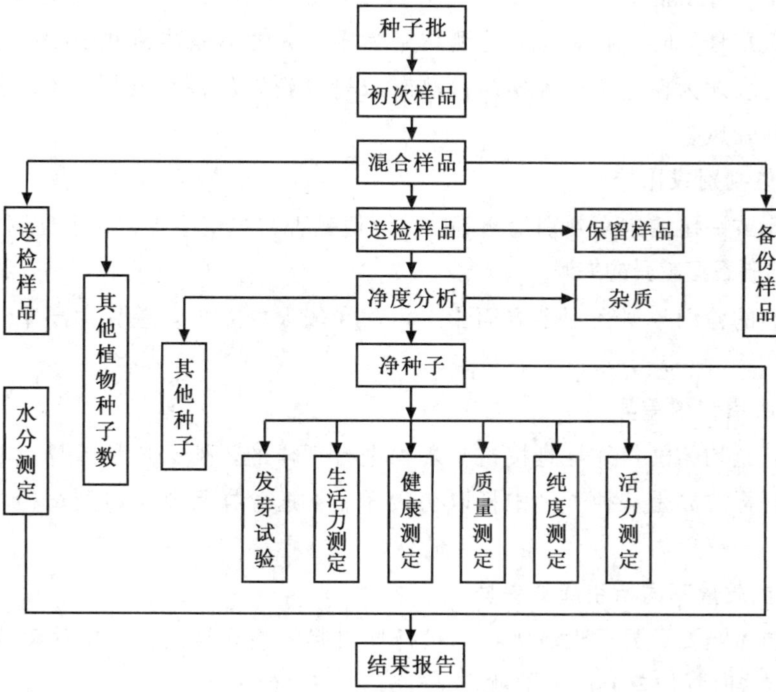

图 3-6　种子检验程序

值（如发芽率）或最高值。

（4）一尾测定　用来确定一个“估测值”是否显著低于“规定值”，也可以用来确定“第二个估测值”（通常是买方或官方验证的值）是否显著低于“第一个估测值”（通常由卖方标明或测定的值）。这种先固定一个参数，用另一个参数与之相比，确定有无显著差异的测定就是一尾测定。

（5）两尾测定　用来确定一个值是否显著高于还是低于另一个值，或反过来确定两个估测值是否相一致。这种两个参数间相互比较，确定两个参数间有无显著差异的测定就是两尾测定。

（二）检验数据表示的含义

种子检测结果主要用于两个方面，这两个方面表示的含义有所不同。

1. 估测种子批质量

用于估测种子批质量一般采用置信区间表示，若某一种子批采用 400 粒试样进行发芽试验，平均结果是 90%，其检测报告可以这样表述：“测定 400 粒种子，发芽率为 90%，因扦样差异，该批种子的发芽率在 99%置信区间可能低至 85%或高达 93%”；净度分析时，若在 50 g 试验样品中发现 6 粒某一种类的杂草种子，其概率在 95%的置信区间为 2.20～13.06 粒种子，检测报告可这样表述：“在 50 g 样品中发现 6 粒某一种类杂草，但是在种子批中，每 50 g 平均数目可高达 13 粒。”一个最典型的例子是，在测定危害性杂草种子时，有时样品检测结果为零，这时不能推断种子批的杂草种子结果为零，只能表述为在种子检验样品检测时未检测到该危害性杂草种子，否则，检测机构可能会面临风险。

2. 估测值判别或比较

通过二尾或一尾测定来判别检测后的估测值是否与规定值或另一个估测值相一致。

（三）检验数据差异的来源

种子检验的检测数据受到多方面影响，存在较大的差异。差异主要来自下列几个方面。

1. 扦样所引起的差异

种子批若是均匀的，并且是按检验规程进行扦样的，那么这种差异就是随机扦样差异。随机扦样差异是从种子批中扦取初次样品、送验样品制备以及试验样品制备过程中所引起的差异。

2. 种子批质量不同所引起的差异

种子批质量越低、异质性越大，随机扦样引起的差异越大，如发芽率为 95%，标准差是 2.1，这时扦样差异的范围就是±6.5。

3. 检测样品数量所引起的差异

种子样品数量增加，差异减少，结果就越可靠。样品从 100 粒增加到 400 粒，误差减少至 1/2；从 200 粒增加至 800 粒，误差减少至 1/4。检验规程规定的发芽试验试样为 400 粒，兼顾了保证相对较低的误差和较低的检测费用。

4. 检验员水平差异以及不一致评价引起的差异

检验员水平高低和认真、敬业程度不同，不同检验员对同一种子批得出不一致的评价所造成的差异。

5. 试验条件和试验方法引起的差异

种子批若是均匀一致的，而且是按现行标准所规定的方法进行扦样和分样的，那么前三者的差异主要是随机扦样差异，这种差异可以用数理统计方法进行估算，检验员和试验条件所引起的差异可以凭经验进行修正。

以上五方面差异可以采取一些措施加以控制，如严格控制试验条件、对检验方法和样品大小标准化、采用准确的扦样程序、提高种子检验员水平。即使这样，差异仍然存在。这主要是随机扦样误差、检测中未考虑的一些未知因素，以及样品内的生物差异等导致的。所以，检验员应该知道哪些差异是可以接受的，哪些试验或重复间的显著差异是不能接受的。

（四）GB/T 3543.1—1995 中规定的四种容许误差及其用法

1. 同一检验室同一送验样品重复间的容许误差

GB/T 3543.1—1995 中 6.1 条所规定的容许误差属于两尾测定，适用于同一检验室同一送验样品重复间的检验，检查其差异是否显著时应注意，例如，发芽试验的四个重复为83、88、87和64，按照GB/T 3543.4进行计算，就超过了容许误差，而在试验期间发现第四个重复有误（如发芽床很干），这种情况下，可以把第四个重复去掉。这样三个重复的平均值为86%，这时容许误差需查GB/T 3543.7—1995《农作物种子检验规程　其他项目检验》中的表2，查“3次重复”栏，得其容许误差为13，所以这三个重复在容许范围内。

2. 从同一种子批扦取同一或不同送验样品，经同一或另一个检验机构检验，比较两次结果是否一致

GB/T 3543.1—1995中6.2条所规定的容许误差属于两尾测定，即比较两个估测值是否一致。在种子检验中经常使用，特别是下列两种情况：一是适用于重新试验。如第一次发芽试验结果超过容许误差，重做后第二次试验结果要与第一次试验结果进行比较，若是一致的，最后的填报结果为两者的平均值；二是适用于核对检查。在日常种子检测工作中应用广泛，如为了保证检测结果的准确性，一位检验员分析后，另一位检验员进行核对检查，这种核对检查广泛用于认证扦样员、检验员的资格和能力，认证的扦样员或检验员对一批种子扦样或检验后，官方扦样员或检验员对同一种子批再进行扦样或检验，以核查认证的扦样员或检验员所掌握的扦样、检验技术能力和工作的独立性，这在国际种子质量认证中已得到广泛应用。

3. 从同一种子批中扦取的第二个送验样品，经同一个或另一个检验机构检验，所得结果较第一次差

GB/T 3543.1—1995中6.3条所规定的容许误差属于一尾测定，一般第一个估测值是卖家测定或是在标签、发票、国际证书上所标明的值，第二个估测值是第二个送验样品的检测值，一般第一个估测值测定在第二个估测值之前。这种情况用于对种子质量有争议、检测等级是否符合要求等方面经常使用，重新扦样、检测，确认是否存在显著差异。

4. 抽检、统检、仲裁检验、定期检验等与种子质量标准、合同、标签等规定值比较

GB/T 3543.1—1995中6.4条所规范的容许误差属于一尾测定。种子批的一个估测值得出后，与规定值比较，验证是否符合标准要求。看上去这种情况比较容易理解，但实际上涉及两类错误问题。

从总体到样本的方向，即抽样分布问题；而从样本到总体的方向，就是要从一个样本或一系列样本所得结果去推断其总体结果，即统计推断问题。统计推断包括参数估计和统计假设测验两个项目。从一个样本或一系列样本所得结果去推断其总体结果，由于判断的依据是一个样本，也就是由部分来推断整体，因而假设检验不可能绝对准确，它可能要犯错误。其可能性大小，也是以统计规律性为依据的，所可能犯的错误有两类。

第一类错误是原假设符合实际情况，而检验结果把它否定了，这类错误称为弃真错误。

第二类错误是原假设不符合实际情况，而检验结果把它肯定了，这类错误称为取伪错误。

每张容许误差表都规定了显著水平，它是指犯第一类错误的概率，也就是拒绝好种子批的风险。显著水平高比显著水平低意味着要求更严格，因为它规定两值比较的容许误差值更小。

任务1　种子水分测定

【专业知识准备】

种子室内检验的第一项工作任务是进行种子水分测定。种子水分是种子质量标准的四大指标之一。种子水分高低直接关系到种子能否安全的包装、贮藏、运输，并且对保持种子生活力和活力是十分重要的。

一、种子水分的含义

种子水分是指按规定程序把种子样品烘干后，失去的质量占供检样品原始质量的百分率。

二、种子水分测定的意义

种子研究和生产实际经验表明，种子水分与种子成熟度、收获的最佳时间、安全包装、人工干燥的合理性、自然伤害（热伤、霜冻、病虫为害）、机械损伤等因素有密切的关系，所以测定和控制种子水分是保证种子质量的重要措施。

随着农业现代化的发展，机械收获将会被普遍采用。为了避免机械收获伤害种子，收获前应先测定种子水分，以确定种子的最佳收获时间。在人工干燥种子前，需先测定种子水分，以确定种子干燥的温度、时间和分次干燥的方法。种子在加工后也要测定水分，检查水分是否达到规定标准。种子包装和贮藏前也需了解种子水分，确保种子的安全包装、贮藏和确定保存时间的长短。在种子贮藏期间和调运前也要测定种子水分，以确保种子贮藏期间的安全和运输途中及到达目的地后的种子安全。

根据研究表明，对大多数常规型的农作物、蔬菜和牧草种子而言，种子水分越低，越有利于保持寿命和活力。因此，种子水分测定是非常重要的检测项目。

三、种子水分测定和种子油分的关系

1. 水分

（1）自由水　自由水是生物化学过程的介质，存在于种子表面和细胞间隙内，具

有一般水的特性，可作为溶剂，沸点 100℃，0℃结冰，易受外界环境条件的影响，容易蒸发。因此，在种子水分测定前，应采取措施尽量防止自由水的损失。如送检样品必须装在防湿容器中，并尽可能排除其中空气；样品接收后立即测定（如果样品接收当天不能测定，应将样品贮藏在 4～5℃的条件下，不能在低于 0℃的冰箱中贮存）；测定过程中的取样、磨碎、称重操作应迅速，避免蒸发（磨碎时转速不能过快，磨碎种子这一过程所用的时间不得超过 2 min）；高水分种子自由水含量更高、更易蒸发，需磨碎的高水分种子应用预先烘干法测定水分。

（2）束缚水　束缚水与种子内的亲水胶体如淀粉、蛋白质等物质中的化学基团牢固结合，水分子与这些胶体物质中的化学基团，如羧基、氨基与肽基等以氢键或氧桥等相连接。不能在细胞间隙中自由流动，不易受外界环境条件影响。种子烘干时，水分开始蒸发较快，这是由于自由水蒸发容易；随着烘干的进程，蒸发速度逐渐缓慢，这是由于束缚水被种子内胶体牢固结合。因此，用烘干法设计水分测定程序时，应通过适当提高温度（如 130℃）或延长烘干时间才能把这种水分蒸发出来。

（3）分解水　种子中有些化合物（如糖类）含有一定比例的能形成水分的氢和氧元素。通常将种子有机物分解产生的水分称为化合水或分解水。这不是真正意义上的水分。如果失掉这种水分，糖类就会分解变质。如用较高温度（130℃）烘干时间过长，或用过高的温度烘干（超过 130℃），有可能将样品烘焦，放出分解水，而使水分测定结果偏高。

2. 油分

含亚麻酸等不饱和脂肪酸的油料种子（如亚麻），如果种子磨碎、剪碎或烘干温度过高，会使不饱和脂肪酸易氧化，不饱和键上结合了氧分子，增加了样品质量，会使水分测定结果偏低，因此，应严格控制烘干温度，并且不应磨碎或剪碎种子。

一些蔬菜种子和油料种子含有较高的油分，油分沸点较低，尤其是芳香油含量较高的种子，温度过高就易挥发，使样品在烘干后损失更多的质量，测得的水分含量结果偏高。

综上所述，测定种子水分必须保证使种子中自由水和束缚水被充分除去，同时要减少氧化、分解或其他挥发性物质的损失，尤其要注意烘干温度、种子磨碎程度和种子原始水分等因素的影响。

四、水分测定方法和仪器设备

1. 水分测定方法和干燥原理

目前常用的种子水分测定法是烘干减重法（包括烘干法、红外线烘干法）和电子水分仪（包括电阻式、电容式和微波式水分测定仪）速测法。一般正式报告需采用标准法进行种子水分测定，而在种子收购、调运、干燥加工等过程中可以采用电子水分速测仪测定种子水分。

烘干法测定种子水分使用的主要仪器是电热干燥箱。干燥的原理是干燥箱内的电热丝通电发出的热，经过对流和传导，提高箱内空气温度，降低箱内湿度，同时提高种子样品的温度，种子内的水分受热汽化而蒸发，样品内的蒸汽压大于样品外部（箱内）的蒸汽压，因此样品内的水分不断向外扩散到热空气中去，并通过烘箱顶部的通气孔不断地向大气中扩散。根据样品烘干后失去水分的质量按照下列公式即可计算出样品的含水量。

$$\text{种子含水量}=\frac{\text{试样烘前质量}-\text{试样烘后质量}}{\text{试样烘前质量}}\times 100\%$$

2. 水分测定仪器设备

（1）鼓风干燥箱　干燥箱有电热恒温干燥箱（电烘箱）和真空干燥箱。目前常用的是电热恒温干燥箱，它主要由箱体（保温部分）、加热部分和恒温部分组成。箱体工作室内装有可移动的多孔铁丝网，顶部孔内插入200℃温度计，以测得工作室内的温度。用于测水分的电烘箱应绝缘性能良好，箱内各部位温度均匀一致，能保持规定的温度，加温效果良好，即在预热至所需温度后、加入样品，可在5～10 min回升到所需温度。

（2）电动粉碎机　用于磨碎样品，常用的有滚刀式和磨盘式两种。要求粉碎机结构密闭，粉碎样品时尽量避免室内空气的影响，转速均匀，不致在磨碎样品时发热而引起样品水分损失，可将样品磨至规定细度。

（3）分析天平　称量快速，感量达到0.001 g。

（4）样品盒　常用的是铝盒，盒与盖标有相同的号码，紧凑合适，规格是直径4.6 cm，高2～2.5 cm，盛样品4.500～5.000 g，可达到样品在盒内的密度不超过0.3 g/cm^{2}的要求。

（5）干燥器　用于冷却经过烘干的样品或样品盒。干燥器的盖与底座边缘涂上凡士林后密闭性能良好，打开干燥器时要将盖向一边推开。干燥器内需放干燥剂，一般使用变色硅胶，其吸湿率为31%，在未吸湿前呈蓝色，吸湿后呈粉红色，因此极易区分其是否仍有吸湿能力。吸湿后的变色硅胶可通过烘干将水分除去，恢复其吸湿性能。

（6）其他　需要准备洗净烘干的磨口瓶、称量匙、粗纱线手套、毛笔、坩埚钳等。

【任务实施】

在师傅指导带领下，首先在种子水分测定开始前做好一切准备工作，仪器使用前要对仪器状态进行查看，并做好记录；对检验室温度、湿度、电源、供水和排水进行有效的控制，并做好记录；进行不同作物种子水分标准法测定操作，计算种子水分测定结果及填写原始记录表。

【任务目标与质量要求】

按照《农作物种子检验规程》进行不同作物种子水分标准法测定操作，完成种子水分测定结果及原始记录表的填写。

【学习产出目标】

1. 掌握种子水分测定的相关概念，熟知水分测定的原理、方法及仪器设备的规范操作。
2. 制订种子水分测定方案。
3. 填写原始记录表。

【工作程序与方法要求】

一、烘干减重法测定水分

低恒温烘干法是将样品放置在（103±2)℃的烘箱内烘干 8 h，适用于葱属、花生、芸薹属、辣椒属、大豆、棉属、向日葵、亚麻、萝卜、蓖麻、芝麻、茄子。

工作程序	工作内容及要求
铝盒恒重	在水分测定前预先准备。将待用铝盒（含盒盖）洗净后，于 130℃下烘干 1 h，取出后冷却称重，再继续烘干 30 min，取出后冷却称重，当两次烘干结果的差小于或等于 0.002 g 时，取两次重量平均值；否则，继续烘干至恒重。
预调烘箱温度	按规定要求调好所需温度，使其稳定在（103±2)℃，如果环境温度较低时，也可适当设置稍高的温度。
制备样品	用于水分测定的送验样品必须装在一个完整的防湿容器中，并且尽可能排出其中空气。测定应尽可能在样品接收后立即开始，防止样品水分变化。取样时先将密闭容器内的样品充分混合，从中分别取出两个独立的试验样品 15～25 g，放入磨口瓶中。需磨碎的样品按表 3-11 要求进行处理后立即装入磨口瓶中备用，最好立即称样，以减少样品水分变化。剩余的送验样品应继续存放在密闭容器内，以备复检。
称样烘干	将处理好的样品在磨口瓶内充分混合，用感量 0.001 g 的天平称取 4.000～5.000 g 试样两份，分别放入经过干燥恒重的铝盒，盒盖套于盒底下，记下盒号、盒重和样品的实际重量，摊平样品，立即放入预先调好温度的烘干箱内，铝盒距温度计水银球 2～2.5 cm，然后关闭箱门。当箱内温度回升至规定温度时开始计时，烘干 8 h后，戴好纱线手套，打开箱门，取出铝盒，迅速盖好盒盖，放在干燥器中冷却到室温（需 30～45 min）后称重。

结果计算

根据烘后失去水的重量计算种子水分含量，按下列公式计算并修约到小数点后一位。

$$种子水分=\frac{m_2-m_3}{m_2-m_1}\times 100\%$$

式中：m_1—样品盒和盖的质量，g；

m_2—样品盒和盖与试样烘前重，g；

m_3—样品盒和盖与试样烘后重，g。

若用预先烘干法，可从第一次（预先烘干）和第二次按上述公式计算所得的水分结果换算样品的原始水分，按下式计算。

$$种子水分=S_1+S_2-\frac{S_1\times S_2}{100}$$

式中：S_1—第一次整粒种子烘后失去的水分，%；

S_2—第二次磨碎种子烘后失去的水分，%。

结果报告

若一个样品的两次测定之间的差距不超过 0.2%，其结果可用两次测定值的算术平均数表示。否则，需重做两次测定。结果填报在检验结果报告单的规定位置，精确度为 0.1%。

表 3-11　必须磨碎的种子种类及磨碎细度

作物种类	磨碎细度	作物种类	磨碎细度
燕麦 水稻 甜荞 苦荞 黑麦 高粱属 小麦属 玉米	至少有 50%的磨碎成分通过 0.5 mm 筛孔的金属丝筛，而留在 1.0 mm 筛孔的金属丝筛子上不超过 10%。	大豆 菜豆属 豌豆 西瓜 巢菜属	需要粗磨，至少有 50% 的磨碎成分通过 4.0 mm 筛孔
		棉属 花生 蓖麻	磨碎或切成薄片

二、高恒温烘干法

此法是将样品放在 130～133℃的条件下烘干 1 h，适用子芹菜、石刁柏、燕麦属、甜菜、西瓜，甜瓜属、南瓜属、胡萝卜、大麦、莴苣、苜蓿属、番茄、烟草、水稻、菜豆属、豌豆属、小麦属、菠菜、玉米。测定程序、水分计算公式与低恒温烘干法相同。此法是在较高的温度下，加速样品内的水分蒸发，在短时内测得样品水分，因此使用时应严格控制烘干的温度和时间。如温度过高或时间过长，易使种子中的干物质氧化而降低样品质量，使水分测定结果偏高。

三、高水分预先烘干法

当需磨碎的禾谷类作物种子水分超过18%、豆类和油料作物种子水分超过16%时，必须采用预烘法。这是因为高水分种子不易在粉碎机上磨至规定细度，若要磨到规定细度，则需较长时间，加之高水分种子自由水含量高，磨碎时水分容易散发，影响种子水分测定结果的正确性，故先将整粒种子初步烘干，然后进行磨碎或切片，测定种子水分，具体步骤如下：

称取两份样品各（25.00±0.02）g，置于直径大于8 cm的样品盒中，在（103±2)℃烘箱中预烘30 min（油料种子在70℃预烘1 h）。取出后放在室温冷却和称重。然后立即将这两个半干样品分别磨碎，并将磨碎物各取一份样品按低恒温或高恒温烘干方法进行测定。

四、水分快速测定方法

种子水分快速测定主要采用电子仪器，可分为三类，即电阻式、电容式和微波式。各种类型都有多种型号的仪器，使用方法也各不相同，以下介绍常用的电阻式和电容式水分测定仪。

（一）电阻式水分测定仪

将种子放在电路中，作为一个电阻，在一定的范围内，种子水分高，溶解的物质增多，电离度增大，电流较大；反之，电流较小，但两者之间亦非完全是直线关系。根据这个原理，可以测定种子水分。当种子水分太低或太高时，相当于断路或短路，仪器就不能测出。由于不同作物种子的化学组成不同，含有相同水分时，其自由水和束缚水的比例不同，溶解的可溶性物质多少不同，电阻不完全一致，所以操作前应先选择所测作物的特定表盘或按钮。样品电阻的大小同时受到待测样品温度的影响。当水分一定、温度高时，电离度增加、电阻降低、测定值偏高；反之，则降低。一般仪器以20℃为准，高于或低于20℃时都要对读数进行校正，有些仪器已设定自动校正。

（二）电容式水分测定仪

当被测种子样品放大水分测定仪传感器中时，组成电容的一部分，电容量的数值将取决于该样品的介电常数，而种子样品的介电常数主要随种子水分的高低而变化(空气的介电常数约为1，种子中干物质为10，水为81)，因此，通过测定传感器的电容量，就可间接地按样品容量与水分的对应关系，测定被测样品的水分。

使用电子仪器法测定种子水分具有快速、简便的特点，尤其适于种子收购入库及贮藏期的一般性检查，可以减少工作量。但这类仪器的使用也有其局限性，应注意以下两点：

第一，使用电子仪器测定水分前，必须和烘干减重法进行校对，以保证测定结果的正确性；要注意仪器性能的变化，及时校正。

第二，样品中的各类杂质应先除去，样品水分不可超出仪器量程范围，测定时所用样品量需符合仪器说明要求。

五、水分测定实验中应注意的问题

(1) 水分测定实验中必须注意不同作物种子适用不同的试验方法，向日葵、蓖麻、芝麻等油料作物不能使用高温烘干法。

(2) 需要磨碎的种子，如果禾谷类种子水分超过18%、豆类和油料作物水分超过16%时，必须采用预先烘干法。

(3) 样品必须装在防湿容器中，并尽可能排除其中的空气，样品接收后立即测定。

(4) 测定过程中的取样、磨碎和称重操作要迅速，避免水分蒸发。

(5) 水分测定结果精确度通常为0.1%。

【工作任务实施记录与评价】

1. 种子水分测定任务考核与评价方法

序号	评价要素	考核内容和标准	标准分值	自我评价	师傅评价
1	准备工作（20分）	根据不同烘干法预调烘箱温度，烘铝盒至恒重，误差≤0.002 g，称重，读数准确，操作规范、熟练	13～20		
		操作基本规范，读数基本准确	6～12		
		操作不规范，读数不准确	0～5		
2	取样（25分）	取样操作正确，操作正确规范、熟练、符合要求	16～25		
		取样基本正确，操作基本熟练、规范，基本符合要求	7～15		
		取样不正确，操作不熟练、不规范、不符合要求	0～6		
3	称样烘干（15分）	天平称重操作规范、熟练，读数准确，烘干操作正确	12～15		
		天平称重操作基本规范，读数基本准确，烘干操作基本正确	6～10		
		天平称重操作不规范，读数不准确，烘干操作不正确	0～5		

续表

序号	评价要素	考核内容和标准	标准分值	自我评价	师傅评价
4	计算（30分）	准确写出计算公式，计算结果正确，误差在规定范围内，小数位数保留正确	16～30		
		能写出计算公式，计算结果基本正确，小数位数保留正确	6～15		
		写不出计算公式，计算结果不正确，小数位数保留不正确	0～5		
5	团队协作（10分）	协作能力强，分工合理，具备较强的职业责任心和团队协作能力	10		
		协作能力一般，分工较合理，具备一定的职业责任心和团队协作能力	5		
		缺少协作分工意识、责任心和团队协作能力	0～3		
合计					

2. 种子水分测定原始记录表

样品编号：　　　　仪器名称：　　　　室内温、湿度：　　℃，　　%

种子名称：　　　　仪器编号：　　　　测定日期：　　年　　月　　日

<table>
<tr><th rowspan="2">样品登记号</th><th rowspan="2">作物名称</th><th rowspan="2">烘干步骤</th><th rowspan="2">测定方法</th><th rowspan="2">盒号</th><th rowspan="2">盒重/g</th><th rowspan="2">试样重/g</th><th colspan="2">（盒＋样）重/g</th><th rowspan="2">失重/g</th><th rowspan="2">水分/%</th><th rowspan="2">重复间差异/%</th></tr>
<tr><th>烘前</th><th>烘后</th></tr>
<tr><td rowspan="4"></td><td rowspan="4"></td><td rowspan="4"></td><td rowspan="2"></td><td></td><td></td><td></td><td></td><td></td><td></td><td></td><td rowspan="4"></td></tr>
<tr><td></td><td></td><td></td><td></td><td></td><td></td><td></td></tr>
<tr><td rowspan="2"></td><td></td><td></td><td></td><td></td><td></td><td></td><td></td></tr>
<tr><td></td><td></td><td></td><td></td><td></td><td></td><td></td></tr>
<tr><td colspan="2">检测依据</td><td colspan="5"></td><td colspan="5">说明：烘干步骤一栏用于填写高水分预先烘干法的再次烘干</td></tr>
<tr><td colspan="2">结果计算</td><td colspan="10">一次烘干：
种子水分$=\frac{m_2-m_3}{m_2-m_1}\times 100\%$　　容许误差：0.2%
二次烘干：
种子水分$=S_1+S_2-\frac{S_1\times S_2}{100}$　　实际误差：________</td></tr>
</table>

检验员：　　　　校验人：　　　　审核人：

3. 学徒关键职业能力及职业品质、工匠精神评价

项目	A	B	C	D
工作态度				
吃苦耐劳				
团队协作				
沟通交流				
科学严谨				
认真负责				
诚实守信				

4. 种子水分测定检验项目总体评价

师傅指导记录	总体评价	评价成绩
		年 月 日

任务 2　种子净度分析

【专业知识准备】

一、基本定义

种子净度分析是测定供检样品不同成分的质量分数和样品混合物特性，并据此推测种子批的组成。

种子净度，是指种子批或样品中净种子、杂质和其他植物种子组分的比例及特性。

二、种子净度分析的目的和意义

净度分析时将试验样品分为净种子、其他植物种子和杂质三种成分，并测定三种成分的质量分数。这样就可以从净种子的含量了解种子批的利用价值；从其他植物种子的种类和含量，可以判断种子批的取舍和潜在危害。因为异作物种子混入会影响机械收获、产量和产品质量；而许多有害或有毒杂草含有有毒物质，会造成人、畜中毒。了解了杂质种类和含量，可为进一步清选、加工种子提供依据，确保种子安全贮藏，提高种子利用率。所以说，净度分析是种子检验的重要项目之一，对现代农业生产有着重要的意义。

开展种子净度分析对于种子质量评价和利用具有重要意义。种子批内所含杂草、杂质的种类多少不仅影响作物的生长发育及种子的安全贮藏，还影响人、畜健康。如杂草种子、异作物种子在田间与农作物争肥、争光，许多杂草还是病虫的中间寄主，致使病虫滋生蔓延，从而影响作物生长发育、降低作物产量和质量；有些有毒杂草种子及植株含有毒物质，人、畜食后会中毒，如毒麦、野豌豆等。

三、净种子的定义及区分总则

（一）净种子

种子检验中所谓的“种子”就是种子单位，即通常所见的传播单位。它不仅包括由胚珠发育而来的真种子，也包括由其他器官发育而来的附属成分，也就是说，净种子的定义就是描述不同种的“种子单位”。因此把净种子定义为，被检测样品所指明的种（包括该种的全部植物学变种和栽培品种）符合国家标准要求的种子单位或构造（表 3-13）。净度分析的结果是否正确，关键在于能否准确掌握鉴别净种子、杂质和其他植物种子的标准。

下列构造凡能明确地鉴别出它们是属于所分析的种（已变成菌核、黑穗病孢子团或者线虫瘿的除外），即使是未成熟的、瘦小的、皱缩的、带病的或发过芽的种子单位都应视为净种子。

1. 完整的种子单位

种子单位包括真种子瘦果、类似种子的果实、分果和小花。在禾本科中，种子单位如是小花，需带有一个明显含有胚乳的颖果或裸粒颖果（缺乏内外稃）。

2. 大于原来大小一半的破损种子单位

根据上述原则，在个别的属或种中有一些例外：

（1）豆科、十字花科，其种皮完全脱落的种子单位应列为杂质。

（2）即使有胚芽和胚根的胚中轴，并超过原来大小一半的附属种皮，豆科种子单位的分离子叶也列为杂质。

（3）甜菜属复胚种子超过一定大小的种子单位列为净种子，但单胚品种除外。

（4）在燕麦属、高粱属中，附着的不育小花不需除去而列为净种子。

（二）杂质

杂质是指除净种子和其他植物种子以外的所有种子单位、其他物质及构造。

（1）明显不含真种子的种子单位。

（2）甜菜属复胚种子单位大小未达到净种子定义规定的最低大小的。

（3）破裂或受损伤种子单位的碎片为原来大小的一半或不到一半的。

（4）按净种子定义，不将这些附属物作为净种子部分或定义中尚未提及的附属物。

（5）种皮完全脱落的豆科、十字花科的种子。

（6）脆而易碎，呈灰白色、乳白色的菟丝子种子。

（7）脱下的不育小花、空的颖片、内外稃、稃壳、茎叶、球果、鳞片、果翅、树皮碎片、花、线、瘿、真菌体（如麦角、菌核、黑穗病孢子团）、泥土、沙粒、石砾及所有其他非种子物质。

（三）其他作物种子

其他作物种子是指净种子以外的任何植物种类的种子单位（包括其他植物种子和杂草种子）。其鉴别标准与净种子相同。但甜菜属种子单位作为其他作物种子时不必筛选，可用遗传单胚的净种子定义。

四、净种子定义细则

各属或种按表 3-12 中的净种子标准来确定。

表 3-12　主要作物的净种子标准

作物名称	净种子标准(定义)
大麻属、茼蒿属、菠菜属	瘦果,但明显没有种子的除外。 超过原来大小一半的破损瘦果,但明显没有种子的除外。 果皮/种皮部分或全部脱落的种子。 超过原来大小一半,果皮/种皮部分或全部脱落的破损种子。
荞麦属、大黄属	有或无种被的瘦果,但明显没有种子的除外。 超过原来大小一半的破损瘦果,但明显没有种子的除外。 超过原来大小一半,果皮/种皮部分或全部脱落的破损种子。
红花属、向日葵属、莴苣属、鸦葱属、婆罗门参属	有或无喙的瘦果,但明显没有种子的除外。 超过原来大小的一半的破损瘦果,但明显没有种子的除外。 果皮/种皮部分或全部脱落的种子。
葱属、苋属、花生属、石刁柏属、黄芪属(紫云英属)、冬瓜属、芸薹属、木豆属、刀豆属、辣椒属、西瓜属、黄麻属、猪屎豆属、甜瓜属、南瓜属、扁豆属、大豆属、木槿属、甘薯属、葫芦属、亚麻属、丝瓜属、番茄属、苜蓿属、草木樨属、苦瓜属、豆瓣菜属、烟草属、菜豆属、酸浆属、豌豆属、马齿苋属、萝卜属、芝麻属、田菁属、茄属、巢菜属、豇豆属	有或无种皮的种子。 超过原来大小一半,有或无种皮的破损种子。 豆科、十字花科,其种皮完全脱落的种子单位应列为杂质。 即使有胚中轴、超过原来大小一半以上的附属种皮,豆科种子单位的分离子叶也列为杂质。

续表3-12

作物名称	净种子标准(定义)
棉属	有或无种皮、有或无绒毛的种子。 超过原来大小一半、有或无种皮的破损种子。
蓖麻属	有或无种皮、有或无种阜的种子。 超过原来大小一半、有或无种皮的破损种子。
芹属、芫荽属、胡萝卜属、茴香属、欧防风属、欧芹属、茴芹属	有或无花梗的分果/分果爿,但明显没有种子的除外。 果皮部分或全部脱落的种子。 超过原来大小一半的破损分果,但明显没有种子的除外。 超过原来大小一半,果皮部分或全部脱落的破损种子。
大麦属	有内外稃包着颖果的小花,当芒长超过小花长度时,需将芒除去。 超过原来大小一半,含有颖果的破损小花。 颖果。 超过原来大小一半的破损颖果。
黍属、狗尾草属	有颖片、内外稃包着颖果的小穗,并附有不孕外稃。 有内外稃包着颖果的小花。 颖果。 超过原来大小一半的破损颖果。
稻	有颖片、内外稃包着颖果的小穗,当芒长超过小花长度时,必须将芒除去。 有或不孕外稃,有内外稃包着颖果的小穗,当芒长超过小花长度时,需将芒除去。 有内外稃包着颖果的小花,当芒长超过小花长度时,需将芒除去。 颖果。 超过原来大小一半的破损颖果。
黑麦属、小麦属、小黑麦属、玉蜀黍属	颖果。 超过原来大小一半的破损颖果。
燕麦属	有内外稃包着颖果的小穗,有或无芒,可附有不育小花。 有内外稃包着颖果的小花,有或无芒。 颖果。 超过原来大小一半的破损颖果。 注:①由两个可育小花构成的小穗,要将它们分开。 ②当外部不育小花的外稃部分地包着内部可育小花时,这样的单位不必分开。 ③从着生点除去小柄。 ④把仅含有子房的单个小花列为杂质。

续表3-12

作物名称	净种子标准(定义)
高粱属	有颖片、透明状的外稃或内稃(内外稃也可缺乏)包着颖果的小穗,有穗轴节片、花梗、芒,附有不育或可育小花。 有内外稃的小花,有或无芒。 颖果。 超过原来大小一半的破损颖果。
甜菜属	复胚种子:用筛孔为1.5 mm×20 mm的200 mm×300 mm的长方形筛子筛1 min后留在筛上的种球或破损种球(包括从种球突出程度不超过种球宽度的附着断柄),不管其中有无种子。 遗传单胚:种球或破损种球(包括从种球突出程度不超过种球宽度的附着断柄),但明显没有种子的除外。 果皮/种皮部分或全部脱落的种子。 超过原来大小的一半,果皮/种皮部分或全部脱落的破损种子。 注:当断柄突出长度超过种球的宽度时,应将整个断柄除去。
薏苡属	包在珠状小总苞中的小穗(一个可育,两个不育)。 颖果。 超过原来大小一半的破损颖果。 注:可育小穗由颖片、内外稃包着的颖果并附有不孕外稃所组成。
罗勒属	小坚果,但明显无种子的除外。 超过原来大小一半的破损小坚果,但明显无种子的除外。 果皮/种皮部分或完全脱落的种子。 超过原来大小一半,果皮/种皮部分或完全脱落的破损种子。
番杏属	包有花被的类似坚果的果实,但明显无种子的除外。 超过原来大小一半的破损果实,但明显无种子的除外。 果皮/种皮部分或完全脱落的种子。 超过原来大小一半,果皮/种皮部分或完全脱落的破损种子。
有稃壳的种子,包括芹属、花生属、燕麦属、甜菜属、茼蒿属、薏苡属、胡萝卜属、荞麦属、茴香属、棉属、大麦属、莴苣属、番茄属、稻属、黍属、欧防风属、欧芹属、茴芹属、大黄属、鸦葱属、狗尾草属、高粱属、菠菜属	易于相互粘连或粘在其他物体上(如包装袋、扦样器和分样器)。 可被其他植物种子粘连,反过来也可粘连其他植物种子。 不易被清选、混合或扦样。

五、其他植物种子数目测定方法

根据送检者的不同要求，其他植物种子数目的测定可采用完全检验、有限检验和简化检验。

1. 完全检验

试验样品不得小于 25 000 个种子单位的质量或 GB/T 3543.2 所规定的质量。

借助于放大镜、筛子和吹风机等器具，按规定逐粒进行分析鉴定，取出试样中所有的其他植物种子，并数出每个种的种子数。当发现有的种子不能准确鉴定到种时，允许鉴定到属。

2. 有限检验

有限检验的检验方法同完全检验，但只限于从整个试验样品中找出送验者指定的其他植物的种子。如送验者只要求检验是否存在指定的某些种，则发现一粒或数粒种子即可。

3. 简化检验

如果送验者所指定的种难以鉴定时，可采用简化检验。简化检验是用规定试验样品质量的五分之一（最少量）对该种进行鉴定。简化检验的检验方法同完全检验。

六、种子净度分析检测仪器

净度分析台、钟鼎式分样器、横格式分样器、不同孔径的套筛（包括振荡器）、吹风机、手持放大镜或双目显微镜、天平（感量为 0.1、0.01、0.001 g 和 0.1 mg）镊子、刷子等。

【任务实施】

在师傅指导带领下，首先，在种子净度分析开始前做好一切准备工作，仪器使用前要对仪器状态进行查看，并做好记录；其次，规范进行不同作物种子的净度分析操作，完成种子净度分析结果及原始记录表的填写。

【任务目标与质量要求】

按照《农作物种子检验规程》规范进行种子净度分析操作，完成种子净度分析结果及原始记录表的填写。

【学习产出目标】

1. 掌握净种子、其他植物种子、杂质的相关概念，理解净种子的含义，熟知不同大小种子净度分析程序。

2. 制订种子净度分析方案。

3. 填写种子净度分析原始记录表。

【工作程序与方法要求】

一、种子净度分析程序

工作环节	工作内容及要求
净度分析前准备	分析前应检查送验样品是否符合要求、检验号与记载卡记录是否一致、被检种是否是记载卡所描述的种。还需对送验样品大小和重型混杂物进行检验。 (1) 送验样品称重　送验样品通常是净度分析质量的 10 倍以上。送验样品的最小质量已在 GB/T 3543.2—1995 中做了规定。如洋葱送验样品为 80 g，而净度分析只要 8 g。 (2) 重型混杂物的检查　重型混杂物是指与供检样品在大小和质量上明显不同的如土块、小石头或小粒种子中混有大粒种子等。 在送验样品（或至少是净度分析试样质量的 10 倍的样品）中，应先挑出这些重型混杂物并称重，再将重型混杂物分为其他植物种子和杂质。
试验样品的分取	(1) 试样质量　净度分析试验样品应按规定方法从送验样品中分取。试验样品应估计至少含有 2 500 个种子单位的质量或不少于 GB/T 3543.2—1995 规定的质量。 (2) 分取试样　净度分析可用规定质量的一份试样，或两份半试样（试样质量的一半）进行分析。如小麦种子净度分析试样最小质量 120 g 是一个全试样，半试样质量为 60 g。 (3) 试样称重　试验样品需称重，以克表示，精确至表 3-13 所规定的小数位数，以满足计算结果达到一位小数的要求。
试样的分离、鉴定、称重	试样称重后一般采用人工分析进行分离和鉴定。可以借助合适的仪器将样品分为净种子、杂质和其他植物种子三种成分。然后将三种成分分别称重（精确至 0.01 g），以克表示。 筛子用于分离样品中茎叶碎片、土壤或其他细小杂质，一般由上下两层组成，上层为大孔筛，下层为小孔筛。放大镜和双目解剖镜用于鉴定和分离小粒种子单位和茎叶碎片。种子吹风机用于从重的种子中分离出较轻的杂质，如禾本科牧草的空小花。
结果计算与数据处理	1. 结果计算 (1) 检查分析过程的质量变化　分析结束后将净种子、其他植物种子和杂质分别称重。将分析后的各种成分质量之和与原始质量比较，核对分析其间物质有无增失。若质量变化超过原始质量的 5%，则必须重做；如小于原试样质量的 5%，则计算各组分比例。各组分比例的计算应以分析后各种组分的质量之和为分母，而不用试样原来的质量。 (2) 计算各种成分的质量分数　试样分析时，所有成分（即净种子、其他植物种子和杂质三部分）若是一个试样，各组分质量分数应计算到一位小数。若分析的是半试样，各组分的质量分数应计算到两位小数。

(3) 检查重复间的容许误差　在某些情况下有必要分析第二份试样时，两份试样各成分的实际差距不得超过表 3-14（GB/T 3543.3—1995）中所规定的容许差距。若所有成分都在容许范围内，则取其平均值；若超过，则再分析一份试样；若分析后的最高值和最低值差异没有大于容许误差 2 倍时，则填报三者的平均值。如果这些结果中的一次或几次异常结果显然是由于差错而不是由于随机误差所引起的，需将不准确的结果除去。

半试样：如果分析为两份半试样，分析后任一组分的相差不得超过表 3-14 和表 3-15 中所示的重复分析间的容许差距。若所有组分的实际差距都在容许范围内，则计算各组分的平均值。如差距超过容许范围，则按下列程序处理：第一，再重新分析成对样品，直到一对数值在容许范围内为止（但全部分析不必超过四对）；第二，凡一对样品间的相差超过容许差距两倍时，均略去不计。

2. 数据处理

(1) 最终结果修正　各成分的最终填表结果应保留一位数。各成分之和应为 100.0%，小于 0.05%的数量成分在计算中应除外。如果其和是 99.9%或 100.1%，那么从最大值（通常是净种子部分）增减 0.1%。如果修约值大于 0.1%，那么应检查计算是否有误。

(2) 有重型混杂物的结果换算。

净种子：

$$p_2 = p_1 \times \frac{M-m}{M} \times 100\%$$

其他植物种子：

$$OS_2 = OS_1 \times \frac{M-m}{M} + \frac{m_1}{M} \times 100\%$$

杂质：

$$I_2 = I_1 \times \frac{M-m}{M} + \frac{m_2}{M} \times 100\%$$

式中：M 为送验样品的质量（g）；m 为送验样品中重型混杂物的质量（g），$m = m_1 + m_2$；m_1 为送验样品重型混杂物中的其他植物种子质量（g）；m_2 为送验样品重型混杂物中的杂质质量（g）；p_1 为除去重型混杂物后试验样品的净种子质量分数（%）；p_2 为送验样品的净种子质量分数（%）；I_1 为除去重型混杂物后试验样品的杂质质量分数（%）；I_2 为送验样品的杂质质量分数（%）；OS_1 为除去重型混杂物后试验样品的其他植物种子质量分数（%）；OS_2 为送验样品的其他植物种子质量分数（%）。

最后应检查：$(p_2 + I_2 + OS_2) = 100.0\%$。

(3) 结果表示　净度分析的结果应保留一位小数，各种成分的比例总和必须为 100%。若某一成分小于 0.05%，填报为“微量”，如果某一种成分的结果为零，须填“—0.0—”。当测定某一类杂质或某一种其他植物种子的质量分数达到或超过 1%时，该种类应在结果报告上注明。

表 3-13 称重与小数位数

试样或半试样及其组分质量/g	称重至下列小数位数
1.000 0 以下	4
1.000～9.999	3
10.00～99.99	2
100.0～999.9	1
1 000 或 1 000 以上	0

注：此表适于试样各组分的称重。

表 3-14 同一实验室内同一送验样品净度分析的容许差距

（5%显著水平的两尾测定） %

两次分析结果平均		不同测定之间的容许差距			
		半试样		试样	
50%以上	50%以下	无稃壳种子	有稃壳种子	无稃壳种子	有稃壳种子
99.95～100.0	0.00～0.04	0.20	0.23	0.1	0.2
99.90～99.94	0.05～0.09	0.33	0.34	0.2	0.2
99.85～99.89	0.10～0.14	0.40	0.42	0.3	0.3
99.80～99.84	0.15～0.19	0.47	0.49	0.3	0.4
99.75～99.79	0.20～0.24	0.51	0.55	0.4	0.4
99.70～99.74	0.25～0.29	0.55	0.59	0.4	0.4
99.65～99.69	0.30～0.34	0.61	0.65	0.4	0.5
99.60～99.64	0.35～0.39	0.65	0.69	0.5	0.5
99.55～99.59	0.40～0.44	0.68	0.74	0.5	0.5
99.50～99.54	0.45～0.49	0.72	0.76	0.5	0.5
99.40～99.49	0.50～0.59	0.76	0.80	0.5	0.6
99.30～99.39	0.60～0.69	0.83	0.89	0.6	0.6
99.20～99.29	0.70～0.79	0.89	0.95	0.6	0.7
99.10～99.19	0.80～0.89	0.95	1.00	0.7	0.7
99.00～99.09	0.90～0.99	1.00	1.06	0.7	0.8
98.75～98.99	1.00～1.24	1.07	1.15	0.8	0.8
98.50～98.74	1.25～1.49	1.19	1.26	0.8	0.9
99.25～98.49	1.50～1.74	1.29	1.37	0.9	1.0
98.00～98.24	1.75～1.99	1.37	1.47	1.0	1.0
97.75～97.99	2.00～2.24	1.44	1.54	1.0	1.1

续表3-14

两次分析结果平均		不同测定之间的容许差距			
50%以上	50%以下	半试样		试样	
		无稃壳种子	有稃壳种子	无稃壳种子	有稃壳种子
97.50～97.74	2.25～2.49	1.53	1.63	1.1	1.2
97.25～97.49	2.50～2.74	1.60	1.70	1.1	1.2
97.00～97.24	2.75～2.99	1.67	1.78	1.2	1.3
96.50～96.99	3.00～3.49	1.77	1.88	1.3	1.3
96.00～96.49	3.50～3.99	1.88	1.99	1.3	1.4
95.50～95.99	4.00～4.49	1.99	2.12	1.4	1.5
95.00～95.49	4.50～4.99	2.09	2.22	1.5	1.6
94.00～94.99	5.00～5.99	2.25	2.38	1.6	1.7
93.00～93.99	6.00～6.99	2.43	2.56	1.7	1.8
92.00～92.99	7.00～7.99	2.59	2.73	1.8	1.9
91.00～91.99	8.00～8.99	2.74	2.90	1.9	2.1
90.00～90.99	9.00～9.99	2.88	3.04	2.0	2.2
88.00～89.99	10.00～11.99	3.08	3.25	2.2	2.3
86.00～87.99	12.00～13.99	3.31	4.49	2.3	2.5
84.00～85.99	14.00～15.99	3.52	3.71	2.5	2.6
82.00～83.99	16.00～17.99	3.69	3.90	2.6	2.8
80.00～81.99	18.00～19.99	3.86	4.07	2.7	2.9
78.00～79.99	20.00～21.99	4.00	4.23	2.8	3.0
76.00～77.99	22.00～23.99	4.14	4.37	2.9	3.1
74.00～75.99	24.00～25.99	4.26	4.50	3.0	3.2
72.00～73.99	26.00～27.99	4.37	4.61	3.1	3.3
70.00～71.99	28.00～29.99	4.47	4.71	3.2	3.3
65.00～69.99	30.00～34.99	4.61	4.86	3.3	3.4
60.00～64.99	35.00～39.99	4.77	5.02	3.4	3.6
50.00～59.99	40.00～49.99	4.89	5.16	3.5	3.7

表 3-15　同一或不同实验室内来自不同送验样品间净度分析的容许差距

（1%显著水平的一尾测定）　　%

两次结果平均		容许差距	
50%以上	50%以上	无稃壳种子	有稃壳种子
99.95～100.00	0.00～0.04	0.2	0.2
99.90～99.94	0.05～0.09	0.3	0.3
99.85～99.89	0.10～0.14	0.3	0.4
99.80～99.84	0.15～0.19	0.4	0.5
99.75～99.79	0.20～0.24	0.4	0.5
99.70～99.74	0.25～0.29	0.5	0.6
99.65～99.69	0.30～0.34	0.5	0.6
99.60～99.64	0.35～0.39	0.6	0.7
99.55～99.59	0.40～0.44	0.6	0.7
99.50～99.54	0.45～0.49	0.6	0.7
99.40～99.49	0.50～0.59	0.7	0.8
99.30～99.39	0.60～0.69	0.7	0.9
99.20～99.29	0.70～0.79	0.8	0.9
99.10～99.19	0.80～0.89	0.8	1.0
99.00～99.09	0.90～0.99	0.9	1.0
98.75～98.99	1.00～1.24	0.9	1.1
98.50～98.74	1.25～1.49	1.0	1.2
98.25～98.49	1.50～1.74	1.1	1.3
98.00～98.24	1.75～1.99	1.2	1.4
97.75～97.99	2.00～2.24	1.3	1.5
97.50～97.74	2.25～2.49	1.3	1.6
97.25～98.49	2.50～2.74	1.4	1.6
97.00～97.24	2.75～2.99	1.5	1.7
96.50～96.99	3.00～3.49	1.5	1.8
96.00～96.49	3.50～3.99	1.6	1.9

续表续表 3-15

两次结果平均		容许差距	
50%以上	50%以上	无稃壳种子	有稃壳种子
95.50～95.99	4.00～4.49	1.7	2.0
95.00～95.49	4.50～4.99	1.8	2.2
94.00～94.99	5.00～5.99	2.0	2.3
93.00～93.99	6.00～6.99	2.1	2.5
92.00～92.99	7.00～7.99	2.2	2.6
91.00～91.99	8.00～8.99	2.4	2.8
90.00～90.99	9.00～9.99	2.5	2.9
88.00～89.99	10.00～11.99	2.7	3.1
86.00～87.99	12.00～13.99	2.9	3.4
84.00～85.99	14.00～15.99	3.0	3.6
82.00～83.99	16.00～17.99	3.2	3.7
80.00～81.99	18.00～19.99	3.3	3.9
78.00～79.99	20.00～21.99	3.5	4.1
76.00～77.99	22.00～23.99	3.6	4.2
74.00～75.99	24.00～25.99	3.7	4.3
72.00～73.99	26.00～27.99	3.8	4.4
70.00～71.99	28.00～29.99	3.8	4.5
65.00～69.99	30.00～34.99	4.0	4.7
60.00～64.99	35.00～39.99	4.1	4.8
50.00～59.99	40.00～49.99	4.2	5.0

【业务经验】

1. 净度分析中的试样分离、鉴定、称重操作有哪些注意事项

对样品仔细分析，将净种子、其他植物种子、杂质分别放入相应的容器。当不同植物种之间区别困难或不可能区别时，则填报属名，该属的全部种子均为净种子，并附加说明。

当分析瘦果、分果等果实和种子时（禾本科除外），只从表面加以检查，不用压力、放大镜、透视仪或其他特殊的仪器。从表面发现其中明显无种子的，则把它列入杂质。

对于损伤种子，如没有明显地伤及种皮或果皮，则不管是空瘪或充实，均作为净种子或其他植物种子；若种子或果皮有破损，必须判断留下的部分是否超过原来大小一半，如不能迅速做出决定，则将种子单位列为净种子或其他植物种子。

2. 如何区分有稃壳和无稃壳种子

试验中应分清有稃壳的种子和无稃壳的种子。如果有稃壳构造（包括稃壳杂质）占一个样品的1/3或更多，则认为是有稃壳的种子。

3. 在试样的分离过程中，对于损伤种子如何处理

如没有明显地伤及种皮或果皮，则不管是空瘪或充实，均作为净种子或其他植物种子；若种皮或果皮有一裂口，必须判断留下的部分是否超过原来大小一半，如不能迅速做出决定，则将种子单位列为净种子或其他植物种子。

4. 最终结果应如何修正

在最终结果的修正中，如果各组分的和不是100%，而是99.9%或100.1%，那么应从组分最大值（通常是净种子部分）增减0.1%。如果修约值大于0.1%，那么应检查计算有无差错。

【种子净度分析案例】

案例1

分析玉米种子两份半试样，第一份半试样质量457.8 g，分析后净种子的质量为451.1 g、杂质为2.730 g其他植物种子为1.100 g；第二份半试样质量464.1 g，分析后净种子的质量为454.2 g、杂质为2.170 g、其他植物种子为2.340 g求种子净度。

1. 质量增失计算

$$\frac{457.8-(451.1+2.730+1.100)}{457.8}\times 100\%=0.63\%$$

第一份半试样质量减少0.63%，符合要求。

$$\frac{464.1-(454.2+2.170+2.340)}{464.1}\times 100\%=1.16\%$$

第二份半试样质量减少1.16%，符合要求。

2. 各成分比例计算

第一份半试样成分构成计算如下。

$$净种子=\frac{451.1}{451.1+2.730+1.100}\times 100\%=99.16\%$$

$$其他植物种子=\frac{1.100}{451.1+2.730+1.100}\times 100\%=0.24\%$$

$$杂质=\frac{2.730}{451.1+2.730+1.100}\times 100\%=0.60\%$$

第二份半试样成分构成计算如下。

$$净种子=\frac{454.2}{454.2+2.17+2.34}\times 100\%=99.02\%$$

$$其他植物种子=\frac{2.34}{454.2+2.17+2.34}\times100\%=0.51\%$$

$$杂质=\frac{2.17}{454.2+2.17+2.34}\times100\%=0.47\%$$

3. 计算两份半试样各成分的平均比例

$$净种子=\frac{99.16\%+99.02\%}{2}=99.09\%$$

$$其他植物种子=\frac{0.24\%+0.51\%}{2}=0.38\%$$

$$杂质=\frac{0.60\%+0.47\%}{2}=0.54\%$$

4. 检验重复分析间的误差

净种子：用平均百分率 99.09%查表 3-14 得容许差距为 1.00%，而实际差距为 99.16%－99.02%＝0.14%，因此重复间差异在容许范围内。

其他植物种子：用平均百分率 0.38%查表 3-14 得容许差距为 0.65%，而实际差距为 0.51%－0.24%＝0.27%，因此重复间差异在容许范围内。

杂质：用平均百分率 0.54%查表 3-14 得容许差距为 0.76%，而实际差距为 0.60%－0.47%＝0.13%，因此重复间差异在容许范围内。

5. 结果计算

净度分析最后填报的结果为加权平均值，而不是算术平均值。

$$净种子=\frac{451.1+454.4}{454.93+458.71}\times100\%=99.09\%$$

$$其他植物种子=\frac{1.10+2.34}{454.93+458.71}\times100\%=0.38\%$$

$$杂质=\frac{2.73+2.17}{454.93+458.71}\times100\%=0.54\%$$

由计算可知，玉米种子的净种子为 99.09%，其他植物种子为 0.38%，杂质为 0.54%。

净度分析结果保留一位小数：净种子为 99.1%，其他植物种子为 0.4%，杂质为 0.5%。

案例 2

分析两份无稃壳种子的半试样，检测结果为：第一份样品中净种子为 97.50%，其他植物种子为 2.00%，杂质为 0.50%；第二份样品中净种子为 97.30%，其他植物种子为 2.40%，杂质为 0.30%。

先计算两份试样中净种子质量分数的平均值：（97.50%＋97.30%）/2＝97.40%，用 97.40%查表，容许误差为 1.60%，而两份半试样间的差异为：97.50%－97.30%

＝0.2％，重复间的净种子质量分数差异在容许范围内。以同样方式再检查其他植物种子、杂质的质量分数差异。

案例 3

在同一检验室由两个不同检验员分别对两份小麦试验样品进行核对检查，其检测结果为：第一份试样中净种子质量分数为 99.6％，第二份为 95.9％。

先计算这两份试样检测结果的平均值（99.6％＋95.9％)/2＝97.75％。用 97.75％查表 3-16，查得容许误差为 1.26％。而两份试样间的差异为：99.6％－95.9％＝3.7％，超过了 1.26％的容许误差。

出现这种情况，需再分析第二对试样，其结果为：第三份试样中净种子质量分数为 99.7％，第四份为 98.1％。先计算这两份试样结果的平均值：（99.7％＋98.1％）/2＝98.9％。用 98.9％查表 3-16，查得容许误差为 0.94％，而两份试样间的差异为 99.7％－98.1％＝1.6％，超过了 0.94％的容许误差。

这样还需分析第三对试样，其结果为：第五份净种子质量分数为 99.4％，第六份为 99.9％。这两份试样结果的平均值：（99.4％＋99.9％)/2＝99.65％。用 99.65％查表 3-16，查得容许误差为 0.53％，而两份试样间的差异为 99.9％－98.4％＝0.5％，未超过规定的容许误差。

最后的填报结果还需判别这三者有无可比性：第一对的两份试样间的差异为 3.7％：而二倍的容许误差为 2.5％，仍然超过，应去掉这一对；第二对的两份试样间的差异为 1.6％，而二倍的容许误差为 1.8％，差异没有超过二倍的容许误差，应保留；第三对的两份试样间的差异为 0.5％，而二倍的容许差异为 1.06％，应保留。这样，最后的填报结果将是第二对和第三对的检测结果的加权平均值。

表 3-16 同一或不同实验室内进行第二次检验时，两个不同送验样品间净度分析的容许差距

（1％显著水平的两尾测定） ％

两次结果平均		容许差距	
50％以上	50％以下	无稃壳种子	有稃壳种子
99.95～100.00	0.00～0.04	0.18	0.21
99.90～99.94	0.05～0.09	0.28	0.32
99.85～99.89	0.10～0.14	0.34	0.40
99.80～99.84	0.15～0.19	0.40	0.47
99.75～99.79	0.20～0.24	0.44	0.53
99.70～99.74	0.25～0.29	0.49	0.57
99.65～99.69	0.30～0.34	0.53	0.62
99.60～99.64	0.35～0.39	0.57	0.66
99.55～99.59	0.40～0.44	0.60	0.70
99.50～99.54	0.45～0.49	0.63	0.73

续表 3-16

两次结果平均		容许差距	
50%以上	50%以下	无稃壳种子	有稃壳种子
99.40～99.49	0.50～0.59	0.68	0.79
99.30～99.39	0.60～0.69	0.73	0.85
99.20～99.29	0.70～0.79	0.78	0.91
99.10～99.19	0.80～0.89	0.83	0.96
99.00～99.09	0.90～0.99	0.87	1.01
98.75～98.99	1.00～1.24	0.94	1.10
98.50～98.74	1.25～1.49	1.04	1.21
98.25～98.49	1.50～1.74	1.12	1.31
98.00～98.24	1.75～1.99	1.20	1.40
97.75～97.99	2.00～2.24	1.26	1.47
97.50～97.74	2.25～2.49	1.33	1.55
97.25～98.49	2.50～2.74	1.39	1.63
97.00～97.24	2.75～2.99	1.46	1.70
96.50～96.99	3.00～3.49	1.54	1.80
96.00～96.49	3.50～3.99	1.64	1.92
95.50～95.99	4.00～4.49	1.74	2.04
95.00～95.49	4.50～4.99	1.83	2.15
94.00～94.99	5.00～5.99	1.95	2.29
93.00～93.99	6.00～6.99	2.10	2.46
92.00～92.99	7.00～7.99	2.23	2.62
91.00～91.99	8.00～8.99	2.36	2.76
90.00～90.99	9.00～9.99	2.48	2.92
88.00～89.99	10.00～11.99	2.65	3.11
96.00～87.99	12.00～13.99	2.85	3.35
84.00～85.99	14.00～15.99	3.02	3.55
82.00～83.99	16.00～17.99	3.18	3.74
80.00～81.99	18.00～19.99	3.32	3.90
78.00～79.99	20.00～21.99	2.45	4.05
76.00～77.99	22.00～23.99	3.56	4.19
74.00～75.99	24.00～25.99	3.67	4.31
72.00～73.99	26.00～27.99	3.76	4.42
70.00～71.99	28.00～29.99	3.84	4.51
65.00～69.99	30.00～34.99	3.97	4.66
60.00～64.99	35.00～39.99	4.10	4.82
50.00～59.99	40.00～49.99	4.21	4.95

二、其他植物种子数目测定

工作环节	工作程序
试样称重	供测定其他植物种子试样通常为净度分析试样质量的 10 倍，即约 25 000 个种子单位的重量，或与送验样品质量相同。但当送验者所指定的种较难鉴定时，可采用简化检验，即用规定试样量的 1/5 进行鉴定。
分析测定	分析时可借助放大镜、吹风机等设备。根据送验者的要求对试样逐粒观察，取出所有其他植物的种子或某些指定种的种子，并数出每个种的种子数。当发现有的种子不能准确鉴定到种时，可鉴定到属。如为有限检验，那么只需找出送验者指定的其他植物种的种子，只要发现一粒或数粒即可。
结果计算	当需要判断同一检验站或不同检验站对同一批种子的两个测定结果之间是否有明显差异时，可查其他植物种子计数的容许差距（表 3-17 或表 3-18）。先根据两个测定结果计算出平均数，再按平均数从表中找出相应的容许差距。进行比较时，两个样品的质量应大体相等。将测定种子的实际质量、学名和各个种的种子数填写在结果报告单上，并注明用完全检验、有限检验或简化检验。 结果用实际测定试样中所发现的种子数表示。但通常折算为样品单位质量（每千克）所含的其他植物种子数，以便比较。 $$\text{其他植物种子含量（粒/kg）}=\frac{\text{其他植物种子数}}{\text{试样样品质量}}\times 1\,000$$

【其他植物种子数目测定案例】

案例 1

在一份 1 000 g 的种子试样中发现野燕麦种子 60 粒，而另一份 1 000 g 的种子试样中发现野燕麦种子 76 粒，试问这两次测定是否有显著差异？

计算其他植物种子平均粒数为：（60＋76）/2＝68，查表 3-17（一尾测定时查表 3-17）得容许误差为 23，而两份试样间的差异为 76－60＝16，因此这两份测定结果是可比的。最后填报的检测结果为：在 2 000 g 总质量样品中，有 136 粒野燕麦种子（注意最后填报时不用平均值）。

案例 2

某种子公司测定一种子批的某一种类的其他植物种子数目为 6 粒，并贴上标签出售，而在同一种子批中，由种子检验机构扦取样品并测得其他植物种子数目为 12 粒，试问该标签标注值是否有效？

这两次测定的平均值为 9 粒，查表 3-17 得容许差距为 9%，而两次测定间差距为 6%，所以第二次测定结果没有明显比第一次差，标签的标注值可以接受。

如果本案例中第一次测定结果为零，而第二次测定结果为 7 粒，可以通过类似的计算，得出标签的标注值不可以接受。

如果本案例中第一次测定结果为7粒，而第二次测定结果为零，就不必进行计算，直接认为标签的标注值可以接受。

表3-17 其他植物种子数目测定的容许差距

（5%显著水平的两尾测定）

两次测定结果的平均值/粒	容许差距/%	两次测定结果的平均值/粒	容许差距/%
3	5	152～160	35
4	6	161～169	36
5～6	7	170～178	37
7～8	8	179～188	38
9～10	9	189～198	39
11～13	10	199～209	40
14～15	11	210～219	41
16～18	12	220～230	42
19～22	13	231～241	43
23～25	14	242～252	44
26～29	15	253～264	45
30～33	16	265～276	46
34～37	17	277～288	47
38～42	18	289～300	48
43～47	19	301～313	49
48～52	20	314～326	50
53～57	21	327～339	51
58～63	22	340～353	52
64～69	23	354～366	53
70～75	24	367～380	54
76～81	25	381～394	55
82～88	26	395～409	56
89～95	27	410～424	57
96～102	28	425～439	58
103～110	29	440～454	59
111～117	30	455～469	60
118～125	31	470～485	61
126～133	32	486～501	62
134～142	33	502～518	63
143～151	34	519～534	64

注：本表列出了其他植物种子数目测定的最大容许差距，可用于确定两次检验结果是否一致。两次检验可在同一或不同实验室进行，送检样品可以相同或不同，但两份送检样品的质量必须相近。使用时，先按两次检验结果的平均值从上表相应栏中找到对应行就可找到相应的最大容许差距。

表 3-18 其他植物种子数目测定的容许差距

（5%显著水平的一尾测定）

两次测定结果的平均值/粒	容许差距/%	两次测定结果的平均值/粒	容许差距/%
3～4	5	163～173	31
5～6	6	174～186	32
7～8	7	187～198	33
9～11	8	199～210	34
12～14	9	211～223	35
15～17	10	224～235	36
18～21	11	236～249	37
22～25	12	250～262	38
26～30	13	263～276	39
31～34	14	277～290	40
35～40	15	291～305	41
41～45	16	306～320	42
46～52	17	321～336	43
53～58	18	337～351	44
59～65	19	352～367	45
66～72	20	368～386	46
73～79	21	387～403	47
80～87	22	404～420	48
88～95	23	421～438	49
96～104	24	439～456	50
105～113	25	457～474	51
114～122	26	475～493	52
123～131	27	494～513	53
132～141	28	514～532	54
142～152	29	533～552	55
153～162	30		

【工作任务实施记录与评价】

1. 种子净度分析任务考核与评价方法

序号	评价要素	考核内容和标准	标准分值	自我评价	师傅评价
1	试样分取（20分）	正确采用四分法进行检验样品的分取，分取方法正确，操作规范、熟练，分取试样质量符合规定要求	13～20		
		分取方法正确，分取试样质量不符合规定要求；或分取方法不正确，分取试样质量符合规定要求	6～12		
		分取方法不正确，分取试样质量不符合规定要求	0～5		
2	试样分离（25分）	准确识别净种子、去除杂质和其他植物种子，保留各部分并编号，操作熟练	16～25		
		基本识别净种子、去除杂质和其他植物种子，保留各部分并编号	6～15		
		净种子识别不清、杂质和其他植物种子去除不清	0～5		
3	称量（15分）	天平称重操作规范、熟练，读数准确	9～15		
		天平称重操作基本规范，读数基本准确	3～8		
		天平称重操作不规范，读数不准确	0～2		
4	计算（30分）	写出计算公式且结果正确	15～30		
		写出计算公式，结果不正确	5～14		
		写不出计算公式，结果不正确	0～4		
5	团队协作（10分）	协作能力强，分工合理，具备较强的职业责任心、团队协作能力	10		
		协作能力一般，分工较合理，具备一定的职业责任心、团队协作能力	5		
		缺少协作分工意识、职业责任心、团队协作能力	0～4		

2. 种子净度分析原始记录表

样品编号：　　　　　　　　仪器名称：　　　　　　　　测定日期：

种子名称：　　　　　　　　仪器编号：

<table>
<tr><td rowspan="2">送验样品重/g</td><td rowspan="2"></td><td colspan="2" rowspan="2">重型混杂物/g</td><td rowspan="2"></td><td rowspan="2">D</td><td colspan="3">重型混杂物中其他植物种子重/g</td><td></td></tr>
<tr><td colspan="3">重型混杂物中杂重/g</td><td></td></tr>
<tr><td rowspan="2">类别</td><td rowspan="2">重复</td><td rowspan="2">试样重/g</td><td colspan="2">净种子</td><td colspan="2">其他种子</td><td colspan="2">杂质</td><td rowspan="2">各成分质量之和/%</td></tr>
<tr><td>质量/g</td><td>百分数/%</td><td>质量/g</td><td>百分数/%</td><td>质量/g</td><td>百分数/%</td></tr>
<tr><td>全试样</td><td>／</td><td></td><td></td><td></td><td></td><td></td><td></td><td></td><td></td></tr>
<tr><td rowspan="5">半试样</td><td>1</td><td></td><td></td><td></td><td></td><td></td><td></td><td></td><td></td></tr>
<tr><td>2</td><td></td><td></td><td></td><td></td><td></td><td></td><td></td><td></td></tr>
<tr><td>平均</td><td>／</td><td></td><td></td><td></td><td></td><td></td><td></td><td>／</td></tr>
<tr><td>实际误差/%</td><td>／</td><td></td><td></td><td></td><td></td><td></td><td></td><td>／</td></tr>
<tr><td>允许误差/%</td><td>／</td><td></td><td></td><td></td><td></td><td></td><td></td><td>／</td></tr>
<tr><td>其他植物种子名称及个数</td><td colspan="9"></td></tr>
<tr><td>杂质种类</td><td colspan="9"></td></tr>
<tr><td>净度分析结果</td><td colspan="9">净种子/%　　　　　其他植物种子/%　　　　　杂质/%</td></tr>
<tr><td>检测依据</td><td colspan="9"></td></tr>
<tr><td colspan="10">说明：全试样或半试样只需选择其一种方法进行检测。</td></tr>
</table>

检验员：　　　　　　　　校核员：　　　　　　　　审核员：

3. 学徒关键职业能力及职业品质、工匠精神评价

项目	A	B	C	D
工作态度				
吃苦耐劳				
团队协作				
沟通交流				
科学严谨				
认真负责				
诚实守信				

4. 种子净度分析检验项目总体评价

师傅指导记录	总体评价	评价成绩
		年　月　日

任务 3　种子千粒重测定

【专业知识准备】

一、种子千粒重的含义

种子质量测定是指测定一定数量种子的质量，通常是指测定 1 000 粒种子的质量，即千粒重。

种子千粒重是指种子质量标准规定水分下的 1 000 粒种子的质量，以克为单位。

千粒重测定原则是从充分混合的净种子中随机数取一定数量的种子，称量其质量，由于不同种子批在不同地区和不同季节水分差异较大，为了便于比较不同水分下的种子千粒重，将实测水分换算成相同规定水分条件下的 1 000 粒种子的质量。

二、种子千粒重测定的目的和意义

种子千粒重对农业生产具有重要意义，主要体现在以下几个方面：

1. 种子千粒重是种子活力的重要指标之一

千粒重大，表明种子饱满度好，其内部的贮藏物质多，通常具有充实、饱满、均匀等优良特性，播种后出苗整齐，幼苗生长健壮，并能保证田间的成苗密度，从而增加作物产量。

2. 种子千粒重是作物产量构成的要素之一

在作物预测产量时，要做好千粒重测定。如小麦大田测产时，根据有效穗数、每穗实粒数和千粒重，可预测理论产量。

3. 种子千粒重是作物品种的主要农艺性状之一

同一作物不同品种千粒重不同，但同一品种的千粒重基本上是一致的。

4. 千粒重是正确计算种子播种量的必要依据

在农业生产上确定作物播种量时，可根据种子千粒重、发芽率和种植株数或栽培密度，准确计算实际播种量。根据种子千粒重，可做到精量播种，节约用种。

计算播种量的公式和步骤如下：

（1）从千粒重换算成每千克种子粒数：

$$每千克种子粒数=\frac{1\ 000}{千粒重（g）}\times 1\ 000$$

（2）根据规定密度求理论播种量：

$$理论播种量（kg/hm^2）=\frac{每公顷总苗数}{每千克种子粒数}$$

（3）根据种子用价计算实际播种量：

$$实际播种量（kg/hm^2）=\frac{理论播种量\times 理论用价}{实际用价}$$

（4）每公顷播种量计算如下：

$$每公顷播种量（kg）=\frac{每公顷规定苗数\times 千粒数\times 理论用价}{1\ 000\times 实际用价\times 100}$$

【任务实施】

在师傅指导带领下，首先，在种子千粒重测定开始前做好一切准备工作，仪器使用前要对仪器状态进行查看，并做好记录；其次，规范进行不同作物种子千粒重测定操作，完成种子千粒重测定结果及原始记录表的填写。

【任务目标与质量要求】

按照《农作物种子检验规程》进行不同作物种子千粒重测定操作，完成种子千粒重测定结果及原始记录表的填写。

【学习产出目标】

1. 掌握种子千粒重相关概念，了解种子千粒重测定方法：千粒法、百粒法、全量法。

2. 制订种子千粒重测定方案。

3. 填写原始记录表。

【工作程序与方法要求】

《农作物种子检验规程　其他项目检验》中列入了百粒法、千粒法和全量法三种测定方法。下面主要介绍千粒法的测定程序及方法要求。

工作环节	工作程序
数取试样	从净度分析后充分混合的净种子中，随机数取 2 个重复，每个重复大粒种为 500 粒、中小粒种子为 1000 粒。
试样称重	两个重复分别称重（g），称重结果的小数位数参考 GB/T 3543.3—1995 的规定。
检查重复间容许差距，计算实测千粒数	两份样品质量的差与平均值之比不应超过 5%，如果超过，则需再分析第三份重复，直至达到要求。中小粒种子取 1 000 粒测定的，取差距小的两份重复的质量平均值即为实测千粒重；大粒种子取 500 粒测定的，取差距小的两份重复的质量平均值乘以 2 即为实测千粒重。
换算成规定水分下的千粒重	根据实测千粒重和水分，按公式换算成国家种子质量标准规定水分下的千粒重。 $\text{千粒重（规定水分）}=\dfrac{\text{实测千粒重}\times(1-\text{实测水分})}{1-\text{规定水分}}$
结果报告	将规定水分下的种子千粒重测定结果填入结果报告单中，其保留小数的位数与测定时所保留的小数位数相同。

【工作任务实施记录与评价】

1. 种子千粒重测定任务考核与评价方法

序号	评价要素	考核内容和标准	标准分值	个人评价	师傅评价
1	取样（25 分）	取样操作规范、熟练	16～25		
		取样操作基本规范	6～15		
		取样操作不规范	0～5		
2	计数（15 分）	数取熟练、规范，符合要求	9～15		
		数取基本熟练、规范，基本符合要求	4～8		
		数取不熟练不规范，不符合要求	0～3		
3	称量（15 分）	天平称重操作规范、熟练，读数准确	9～15		
		天平称重操作基本规范，读数基本准确	4～8		
		天平称重操作不规范，读数不准确	0～3		
4	计算（35 分）	写出计算公式且结果正确	16～35		
		写出计算公式，但两份结果之差与平均值之比超过 5%	6～15		
		写不出计算公式，计算结果不正确	0～5		
5	团队协作（10 分）	协作能力强，分工合理，具备较强的职业责任心、团队协作能力	10		
		协作能力一般，分工较合理，具备一定的职业责任心、团队协作能力	5		
		缺少协作分工意识、职业责任心、团队协作能力	0～4		
合计	100 分				

2. 种子千粒重测定原始记录表

样品登记号		作物名称				品种(组合)名称				
规定水分/%		实测水分/%				检验方法				
百粒法	重复	Ⅰ	Ⅱ	Ⅲ	Ⅳ	Ⅴ	Ⅵ	Ⅶ	实测千粒重/g	规定水分千粒重/g
	质量/g									
	平均百粒重(X)/g			标准差(S)			变异系数(C)			
千粒法	重复	Ⅰ(X_1)		Ⅱ(X_2)		平均	$[(X_1-X_2)/X]<5\%$			
	质量/g									
全量法	质量/g			粒数/粒						
检测依据										

3. 学徒关键职业能力及职业品质、工匠精神评价

项目	A	B	C	D
工作态度				
吃苦耐劳				
团队协作				
沟通交流				
科学严谨				
认真负责				
诚实守信				

4. 种子千粒重测定检验项目总体评价

师傅指导记录	总体评价	评价成绩
		年 月 日

任务 4　种子发芽试验

【专业知识准备】

种子发芽试验是国家标准规定的必检项目之一。种子发芽力是指种子在适宜条件下发芽并长成正常植株的能力。通常用发芽势和发芽率表示。种子发芽势是指种子发芽初期（规定日期内）正常发芽种子数占供试种子数的百分率。种子发芽势高，则表示种子活力强、发芽整齐、出苗一致、增产潜力大。种子发芽率是指在发芽试验终期（规定日期内）全部正常发芽种子数占供试种子数的百分率。种子发芽率高，则表示有生活力的种子多，播种后出苗多。

一、种子发芽试验的目的和意义

种子发芽试验的目的是测定种子批的最大发芽潜力，其结果是种子批质量的重要衡量指标，也可估测种子的田间播种价值。

种子发芽试验对种子经营和农业生产具有极为重要的意义。种子收购入库时做好发芽试验，有助于正确地进行种子分级和定价；种子贮藏期间做好发芽试验，可掌握贮藏期间种子发芽力的变化情况，以便及时改进贮藏条件，确保种子安全贮藏；种子经营时做好发芽试验，可避免销售发芽率低的种子，造成经济损失，可防止盲目调运发芽力低的种子，节约人力和财力；播种前做好发芽试验，可以选用发芽力高的种子播种，保证齐苗、壮苗和苗密度，同时可以计算实际播种量，做到精量播种，节约用种。承担种子质量监督职责的农业行政主管部门实施种子质量监督抽查时，做好种子发芽试验，对保证农业生产的安全用种有重要意义。

二、种子发芽的概念和有关术语

（1）发芽　在实验室内，幼苗出现后生长到一定阶段，幼苗的主要构造表明其在田间的适宜条件下能进一步生长成为正常的植株。

（2）发芽率　在规定的条件和时间内长成的正常幼苗数占供检种子数的百分率。

（3）正常幼苗　在良好土壤及适宜水分、温度和光照条件下，能继续生长发育成为正常植株的幼苗。

（4）不正常幼苗　生长在良好土壤及适宜水分、温度和光照条件下，不能继续生长发育成为正常植株的幼苗。

（5）复胚种子单位　能够产生一株以上幼苗的种子单位，如伞形科未分离的分果、甜菜的种球等。

（6）未发芽的种子　在规定的条件下，试验末期仍不能发芽的种子，包括硬实、新鲜不发芽种子、死种子（通常变软、变色、发霉，并没有幼苗生长的迹象）和其他类型（如空的、无胚或虫蛀的种子）。

（7）硬实　指那些种皮不透水的种子，如某些棉花种子、豆科的紫云英种子等。

（8）新鲜不发芽种子　由生理休眠引起，试验期间保持清洁和一定硬度，有生长成为正常幼苗潜力的种子。

（9）胚　在种子中的幼小植株个体，通常由胚根、胚轴、胚芽和子叶或盾片等主要构造组成。

（10）子叶　胚和幼苗的第一片叶或第一对叶。

（11）盾片　在禾本科某些属中特有的变态子叶，其功能是从胚乳吸收养分输送到胚部的一种盾形构造。

（12）胚根　在子叶或盾片节下面胚轴尖端的部分，种子发芽时伸长，长出初生根。

（13）胚芽　在子叶节或盾片节上面胚轴的顶端部分。它是植株正常生长发育的分生组织。

（14）胚轴　胚中连接胚芽和胚根的部分。

（15）芽鞘　有些单子叶植物（如禾本科）中，胚或幼苗中包裹着初生叶和顶端分生组织的管状保护构造。

（16）幼苗　种子的胚发育生长而成的幼龄植株。

（17）幼苗的主要构造　因种而异，由根系、幼苗中轴（上胚轴、下胚轴或中胚轴）、顶芽、子叶和芽鞘等构造组成。

（18）初生根　由胚根发育而来的幼苗主根。

（19）次生根　除初生根外的其他根。

（20）不定根　从除根部以外其他任何部位生长的根（如着生在茎上的根）。

（21）种子根　在禾谷类植物中，由初生根和胚中轴上长出的数条次生根所形成的幼苗根系。

（22）上胚轴　子叶以上至第一片真叶或一对真叶以下的部分苗轴。

（23）中胚轴　在禾本科一些高度分化的属中，盾片着生点至胚芽之间的部分苗轴。

（24）下胚轴　初生根以上至子叶着生点以下的部分苗轴。

（25）中轴　指幼苗的中心构造。双子叶植物包括顶芽、上胚轴、下胚轴和初生根；单子叶植物包括顶芽、中胚轴和初生根。

（26）初生叶　在子叶出现后出现的第一片叶或第一对叶。

（27）鳞叶　通常紧缩在轴上（如石刁柏、豌豆属）的一种退化叶片。

（28）苗端　幼苗茎顶端轴的主要生长点，通常由几片叶和顶芽组成。

(29) 顶芽　由数片分化程度不同的叶片所包裹着的幼苗顶端。

(30) 残缺根　缺少根尖或根尖有缺陷的根。

(31) 粗短根　虽根尖完整，但根缩短呈棒状，是幼苗中毒症状。

(32) 停滞根　通常具有完整根尖，但异常短小而细弱，与幼苗的其他构造相比生长不均衡。

(33) 扭曲构造　沿着幼苗伸长的主轴、下胚轴、芽鞘等幼苗构造发生扭曲状。包括轻度扭曲和严重扭曲。

(34) 环状构造　改变了原来的直线形，下胚轴、芽鞘等幼苗构造完全形成环状或圆圈形。

(35) 腐烂　由于微生物的存在而引起的有机组织溃烂。

(36) 变色　颜色改变或褪色。

(37) 向地性　植物生长对重力的反应，包括向地下生长的正向地性生长和向上生长的负向地性生长。

(38) 感染　病原菌侵入活体（如幼苗主要构造）并蔓延，引起病症和腐烂，包括初生感染（种子本身携带病原菌）和次生感染（其他种子或幼苗蔓延而被感染）。

(39) “50％规则”　如果整个子叶组织或初生叶有一半或一半以上的面积具有功能，则这种幼苗可视为正常幼苗；如果一半以上的组织不具备功能，如缺失、坏死、变色或腐烂，则为不正常幼苗。当从子叶着生点到下胚轴有损伤和腐烂的迹象时，这时不能采用“50％规则”。当初生叶形状正常，只是叶片面积较小时，则不能应用“50％规则”。

(40) 顶芽　由数片分化程度不同的叶片所包裹着的幼苗顶端。

三、幼苗鉴定

在检查发芽种子数时，正确鉴定幼苗是一个十分重要的问题，直接关系到试验结果的正确性，因为计算发芽时仅将正常幼苗（即具有正常主要构造的幼苗或轻微损伤的幼苗）视为已发芽种子。因此在计算发芽种子数时，必须将正常幼苗和不正常幼苗区别开。为了幼苗鉴定的一致性，必须有一个统一的幼苗鉴定标准。

（一）正常幼苗鉴定标准

正常幼苗是指生长在适宜的土壤、温度、水分和光照条件下具有生长和发育成正常植株能力的幼苗。正常幼苗分为完整幼苗、带有轻微缺陷的幼苗和次生感染的幼苗三类。

凡符合下列类型之一者为正常幼苗。

1. 完整幼苗

幼苗主要构造生长良好、完全、匀称和健康。因种不同，应具有下列一些构造。

(1) 发育良好的根系，其组成如下。

①细长的初生根，通常长满根毛，末端细尖。

②在规定试验时期内产生的次生根。

③在燕麦属、大麦属、黑麦属、小麦属和小黑麦属中，由数条种子根代替一条初生根。

(2) 发育良好的幼苗中轴，其组成如下。

①出土型发芽的幼苗，应具有一个直立、细长并有伸长能力的下胚轴。

②留土型发芽的幼苗，应具有一个发育良好的上胚轴。

③在有些出土型发芽的一些属（如菜豆属、花生属）中，应同时具有伸长的上胚轴和下胚轴。

④ 在禾本科的一些属（如玉蜀黍属、高粱属）中，应具有伸长的中胚轴。

(3) 具有特定数目的子叶。

①单子叶植物具有一片子叶，子叶可为绿色和呈圆管状（葱属），或变形而全部或部分遗留在种子内（如石刁柏、禾本科）。

②双子叶植物具有 2 片子叶，在出土型发芽的幼苗中，子叶为绿色，展开呈叶状；在留土型发芽的幼苗中，子叶为半球形和肉质状，并保留在种皮内。

(4) 具有展开、绿色的初生叶。

①在互生叶幼苗中有一片初生叶，有时先发生少数鳞状叶，如豌豆属、石刁柏属。

②在对生叶幼苗中有两片初生叶，如菜豆属。

(5) 具有一个顶芽或苗端。

(6) 在禾本科植物中有一个发育良好、直立的芽鞘，其中包着一片绿叶延伸到顶端，最后从芽鞘中伸出。

2. 带有轻微缺陷的幼苗

幼苗主要构造出现某种轻微缺陷，但在其他方面能均衡生长，并与同一试验中的完整幼苗相当。有下列问题则为带有轻微缺陷的幼苗。

(1) 初生根

①初生根局部损伤，或生长稍迟缓。

②初生根有缺陷，但次生根发育良好，特别是豆科中一些大粒种子的属（如菜豆属、豌豆属、花生属、豇豆属和扁豆属）、禾本科中的一些属（如玉蜀黍属、高粱属和稻属）、葫芦科所有属（如甜瓜属、南瓜属和西瓜属）和锦葵科所有属（如棉属）。

③燕麦属、大麦属、黑麦属、小麦属和小黑麦属中只有一条强壮的种子根。

(2) 下胚轴、上胚轴或中胚轴局部损伤

(3) 子叶（采用“50％规则”）

①子叶局部损伤，但子叶组织总面积的一半或一半以上仍保持着正常的功能，并

且幼苗顶端或其周围组织没有明显的损伤或腐烂。

②双子叶植物仅有一片正常子叶，但其幼苗顶端或其周围组织没有明显的损伤或腐烂。

(4) 初生叶

①初生叶局部损伤，但其组织总面积的一半或一半以上仍保持着正常的功能（采用“50%规则”）。

②顶芽没有明显的损伤或腐烂，有一片正常的初生叶，如菜豆属。

③初生叶形状正常，大于正常大小的1/4。

④具有三片初生叶而不是两片，如菜豆属（采用“50%规则”）。

(5) 芽鞘

①芽鞘局部损伤。

②芽鞘从顶端开裂，但其裂缝长度不超过芽鞘的1/3。

③受内、外稃或果皮的阻挡，芽鞘轻度扭曲或形成环状。

④芽鞘内的绿叶没有延伸到芽鞘顶端，但至少要达到芽鞘长度的1/2。

3. 次生感染的幼苗

由真菌或细菌感染引起，使幼苗主要构造发病和腐烂，但有证据表明病源不来自种子本身。

(二)不正常幼苗鉴定标准

不正常幼苗分为受损伤的幼苗、畸形或不匀称的幼苗和腐烂幼苗三种类型。

1. 受损伤的幼苗

机械处理、加热、干燥、昆虫损害等外部因素造成幼苗构造残缺不全或幼苗严重损伤，以致不能均衡生长者。

2. 畸形或不匀称的幼苗

由于内部因素引起生理紊乱，幼苗生长细弱，或存在生理障碍，或主要构造畸形，或不匀称者。

3. 腐烂幼苗

由初生感染（病原来自种子本身）引起，使幼苗主要构造发病和腐烂，并妨碍其正常生长者。

在实际生产过程中，不正常幼苗只占少数，只要能够鉴别就可以。凡幼苗带有下列一种或一种以上的缺陷则列为不正常幼苗。

(1) 根

①初生根　初生根残缺、短粗、停滞、缺失、破裂、从顶端开裂、缩缢、纤细、蜷缩在种皮内、负向地性生长、水肿状、由初生感染所引起的腐烂。

②种子根　没有或仅有一条生长力弱的种子根。

注意：次生根或种子根带有上述一种或数种缺陷者列为不正常幼苗，但是对具有数条次生根或至少具有一条强壮种子根的幼苗应视为正常幼苗。

(2) 下胚轴、上胚轴或中胚轴　下胚轴、上胚轴或中胚轴缩短而变粗、深度横裂或破裂、纵向裂缝（开裂）、缺失、缩缢、严重扭曲、过度弯曲、形成环状或螺旋状、纤细、水肿状、由初生感染所引起的腐烂。

(3) 子叶（采用“50%规则”）

①除葱属外所有属的子叶缺陷　肿胀卷曲、畸形、断裂或其他损伤、分离或缺失、变色、坏死、水肿状、由初生感染所引起的腐烂。

注意：在子叶与苗轴着生点或苗端附近处发生损伤及腐烂的幼苗应列入不正常幼苗，这时不采用“50%规则”。

②葱属子叶的特定缺陷　缩短而变粗、缩缢、过度弯曲、形成环状或螺旋状、无明显的“膝”、纤细。

(4) 初生叶（采用“50%规则”）　初生叶畸形、变色、损伤、缺失、坏死、由初生感染所引起的腐烂、虽形状正常，但小于正常叶片大小的1/4。

(5) 顶芽及周围组织畸形、损伤、缺失、由初生感染所引起的腐烂。

注意：假如顶芽有缺陷或缺失，即使有一个或两个已发育的腋芽（如菜豆属）或幼梢（如豌豆属），也列为不正常幼苗。

(6) 胚芽鞘和第一片叶（禾本科）

①胚芽鞘　胚芽鞘畸形、损伤、缺失、顶端损伤或缺失、严重过度弯曲、形成环状或螺旋形、严重扭曲、裂缝长度超过从顶端量起的1/3、基部开裂、纤细、由初生感染所引起的腐烂。

②第一叶　第一叶延伸长度不到胚芽鞘的一半、缺失、撕裂或其他畸形。

(7) 整个幼苗　整个幼苗畸形、断裂、子叶比根先长出、两株幼苗连在一起、黄化或白化、纤细、水肿状、由初生感染所引起的腐烂。

（三）各类作物正常幼苗和不正常幼苗鉴定图谱

相关内容可扫描封底二维码查看。

四、种子发芽设备

（一）发芽箱和发芽室

1. 发芽箱

发芽箱是提供种子发芽所需的温度、湿度或水分、光照等条件的设备。发芽箱可分为两类：一类是干型，只控制温度不控制湿度，可分为恒温发芽箱和变温发芽箱两种；另一类是湿型，既控制温度又控制湿度。

我国目前常用的发芽箱大部分属于干型，如光照变温发芽箱。其具有一个保温良好的箱体，箱的上、下部分别设有加热系统和制冷系统，可根据发芽技术要求升温、降温或变温。箱体后部装有鼓风机，箱内配有数层发芽架。箱体的内壁装有日光灯，其特点是可调节、控制温度和光照条件。

在选用发芽箱时，应考虑以下因素：①控温可靠、准确、稳定，箱内上、下各部位温度均匀一致；②制冷、制热能力强，变温转换要能在 1 h 内完成；③光照强度至少达到 750～1 250 lx；④装配有风扇，通气良好；⑤操作简便。

2. 发芽室

发芽室可以认为是一种改进的大型发芽箱，其构造原理与发芽箱相似，只不过是容量扩大，在其中置有发芽架。发芽室跟发芽箱一样，也有干型和湿型，干型发芽室中放置的培养皿需加盖保湿。

（二）数种设备

为提高工作效率，可使用数种设备。目前使用的数种设备主要有活动数种板和真空数种器等。

1. 活动数种板

数种板由活动上板和固定下板组成。其板面大小刚好与所数种子的发芽容器相适应。上板和下板均开有与欲数种子大小和形状相适应的 50 个或 25 个孔。固定下板有槽，能使活动上板定位。

数种板适用于大粒种子，如大豆、玉米、菜豆等种子的数种和置床。

数种板置床操作程序：数种板放在发芽床上→种子散在板上→板稍微倾斜，除去多余种子→核对，使每孔只有一粒种子→移动上板，使上、下板孔对齐→种子落在发芽床适当位置。

2. 真空数种器

通常由数种头、气流阀门、调压阀、真空泵和连接皮管等部分组成。真空数种器主要适用于中、小粒种子，如水稻、小麦种子的数种和置床。

真空数种器操作程序：数种器未产生真空前，将种子均匀撒在数种头上→接通真空泵→倒去多余种子→核对，使每个孔中有一粒种子→数种头倒转放在发芽床上→解除真空，使种子落在发芽床一定位置。

操作时应注意避免将种子直接嵌入数种头，以确保置床的种子是随机选取的。

（三）发芽器皿

根据 GB/T 3543.4—1995《农作物种子检验规程　发芽试验》的要求，发芽试验种子置床培养至幼苗主要构造能清楚鉴定的阶段，以便鉴定正常幼苗和不正常幼苗，因此，要求发芽器皿（如培养皿）透明、保湿、无毒，具有一定的种子发芽和发育的空间，确保一定的氧气供应，使用前需清洗和消毒。

（四）发芽床

种子发芽床是供发芽测定的容器，由供给种子发芽水分和支撑幼苗生长的介质和盛放介质的发芽器皿构成。种子检验规程规定的发芽床主要有纸床、砂床以及土壤发芽床等种类。各种发芽床都应满足保水、通气性好、无毒、无病菌和具有一定强度的基本要求。

1. 发芽介质及其要求

(1) 纸　用纸作为发芽介质是种子发芽试验中应用最多的一类发芽床。发芽床用的纸有专用发芽纸、滤纸等。一般来说，发芽纸应满足以下要求：①吸水性强、保水性好。吸水良好的纸，不但吸水快（将纸条下端浸入水中，2 min 内吸水 30 mL 或以上的纸为好）而且持水力也要强，以保证发芽试验期间具有足够的水分。②无毒。纸张必须无酸碱、染料、油墨及其他对发芽有害的化学物质。纸张的 pH 应在 6.0～7.5。③无病菌。纸上带有真菌或细菌会导致病菌滋生而影响种子发芽，所用纸张必须清洁干净，无病菌污染。④纸张韧性好。纸张具有多孔性和通气性，并具有一定强度，以免吸水时糊化和破碎，在操作时不致撕破，发芽时种子幼根不致穿入纸内，便于对幼苗的正确鉴定。

检查纸张是否无毒的方法：选用对有毒物质敏感的牧草，如梯牧草、红顶草、弯叶画眉草、紫羊茅、独行菜等种子做发芽试验，观察纸张对幼苗的伤害情况。凡是胚根生长受抑制，根尖缩短、变色或从纸上翘起，并且根毛成束或胚芽缩短，则表明该纸张含有毒物质，不宜用作发芽介质。

(2) 砂　用砂作为发芽介质是种子发芽试验中较为常用的一类方法。一般来说，用作发芽试验的砂粒应选用无任何化学药物污染的细砂，并在使用前做以下处理。

洗涤 ⇩	拣去较大的石子和杂物后用清水洗涤，除去污物和有毒物质。
消毒 ⇩	将洗净的湿砂放在铁盘内薄摊，在 130～170℃高温下烘干约 2 h，以杀死病菌和砂内的其他种子。
过筛 ⇩	取孔径为 0.8 mm 和 0.05 mm 的圆孔筛两个，将烘干的砂过筛，取出两层筛之间的砂，即直径为 0.05～0.8 mm 的砂粒作为发芽介质。这样大小的砂粒既具有足够的持水力，又能保持一定的孔隙，以利于通气。
加水拌匀 ⇩	一般砂床含水量为饱和含水量的 60%～80%。通常也可采用简便方法调配，即 100 g 干砂中加入 18～26 mL 的水，充分拌匀后，达到手捏成团、放手即散开的程度，特别要注意，不能将干砂先倒入培养皿，然后加水拌匀。这种拌砂法往往会造成砂中水分多、孔隙少、氧气不够，影响正常发芽。对于纸床，纸吸足水分后，沥去多余水，不能出现手指一压就出现水层的现象。砂床的 pH 应在 6.0～7.5。

注意：一般情况下，砂可重复使用。在重复使用前，应洗净，重新消毒。但化学药品处理过的种子发芽所用的砂，不能重复使用。

(3) 土壤　供发芽试验用的土壤，其土质必须疏松良好、不结块（如土质黏重应加入适量的砂）、无大颗粒，pH 在 6.0～7.0。土壤中应基本上不含混入的种子、细菌、真菌、线虫或有毒物质。使用前，必须经过高温消毒，一般不重复使用。

用于湿润发芽床的水应纯净，不含有机杂质和无机杂质，无毒无害。

【任务实施】

在师傅指导带领下，首先在种子发芽试验开始前做好一切准备工作，仪器使用前要对仪器状态进行查看，并做好记录；其次，规范进行不同大小作物种子发芽试验操作，完成种子发芽试验过程管理，完成发芽试验原始记录表和试验结果的填写。

【任务目标与质量要求】

按照《农作物种子检验规程》规范进行不同大小农作物种子发芽试验操作，完成种子发芽试验结果及原始记录表的填写。

【学习产出目标】

1. 理解种子发芽试验的目的和意义；掌握种子发芽的概念、有关术语、幼苗鉴定标准；了解我国目前常用的发芽箱类型及操作方法，熟知不同类型种子对发芽介质的要求及发芽过程管理要求。

2. 学会不同大小作物种子发芽试验的规范操作技术；能正确判定正常幼苗和不正常幼苗。

3. 制订种子发芽试验方案

4. 完成种子发芽试验原始记录表。

【工作程序与方法要求】

工作环节	工作程序
消毒	发芽盒使用前置于 0.1% 的次氯酸钠溶液中浸泡 3～5 min，然后用清水洗净，晾干。把经过筛选的沙子在 130℃高温下烘 2 h。
选用发芽床	选用最适宜的发芽床。小、中粒种子一般用纸上（TP）发芽床；中粒种子用纸间（纸卷，BP）发芽床；大粒种子或对水分敏感的小、中粒种子宜用砂床（S）发芽。活力较差的种子，用砂床的效果较好。在选好发芽床后，按不同作物种的种子和发芽床的特性，调节至适当的湿度。

数种制床 ⇩	随机数取 400 粒种子，中、小粒种子，每份试样 100 粒，4 次重复；大粒种子每份试样 50 粒或 25 粒，8 次或 16 次重复。装盒方法如下： 1. 纸床 (1) 纸上（TP）　纸上是指种子放在一层或多层纸上发芽，有三种方法：①在培养皿里垫两层发芽纸，充分吸湿，沥去多余水分，种子直接放置在湿润的发芽纸上，用培养皿盖盖好，放在发芽箱或发芽室内发芽。②数种置床于湿润的发芽纸上，并将其直接放在湿型发芽箱的盘上，发芽箱内的相对湿度需接近饱和；若使用干型发芽箱，必须有防止水分蒸发措施。③放在雅可勃逊发芽器上，这种发芽器配有放置发芽纸的发芽盘。 (2) 纸间（BP）　纸间是指种子放在两层纸中间发芽，有两种方法：①在培养皿里把种子均匀放置在湿润的发芽纸上，另外用一层发芽纸轻轻地盖在种子上。②采用纸卷，把种子均匀置放在湿润的发芽纸上，再用一张同样大小的发芽纸覆盖在种子上，底部褶起 2 cm，然后卷成纸卷，两端用橡皮筋扎住，竖放在培养皿或塑料筒里，套上透明塑料袋保湿，放在规定条件下发芽。 (3) 褶裥纸（PP）　种子放在类似手风琴的具有 50 个褶裥的纸条内，一般每个褶裥放 2 粒种子，或具有 10 个褶裥，每褶裥放 5 粒种子。将褶裥纸条放在盒内或直接放在湿型发芽箱内，并用另一张纸盖在褶裥纸上面。 2. 砂床 使用砂床有两种方法：①砂上（TS），适用于中、小粒种子。将拌好的湿砂装入培养盒中至 2～3 cm 厚，再将种子压入砂表层，即砂上发芽。②砂中（S），适用于大、中粒种子。将拌好的湿砂装入培养盒中至 2～4 cm 厚，播上种子，覆盖 1～2 cm 厚度（厚度取决于种子的大小）的松散湿砂，以防翘根。如果纸床污染，对已有病菌的种子样品鉴定困难时，可用砂床替代纸床。
贴放标签 ⇩	在培养皿或其他发芽容器底盘的内侧放上或侧面贴上标签，注明样品编号、品种名称、重复序号和置床日期等，然后盖好容器盖子或套一薄膜塑料袋。
规定条件培养 ⇩	发芽采用恒温进行，发芽箱的发芽温度在发芽期间应尽量一致。如规定温度在 23℃，发芽箱的温度变幅不应超过±2℃，一般休眠种子和陈种子，以选用变温或较低恒温发芽为好。在有光照的条件下培养，光照强度为 1 000～1 500 lx，光照时间为 8 h。
检查管理 ⇩	做到发芽床始终保持湿润，水分不过多或过少。温度保持在所需温度的±2℃范围内，防止因控温部件失灵、断电、电器损坏等意外事故造成温度失控。如采用变温发芽，则应按规定变换温度。如发现霉菌滋生，应及时取出种子，洗涤去霉。当发霉种子超过 5%时，应更换发芽床，以免霉菌传开。如发现腐烂死亡种子，则应及时将其除去并记载。还应注意通气，避免因缺氧而使正常发芽受影响。

观察记录	(1) 试验持续时间　不同种的发芽试验持续时间详见表 3-19。试验前或试验间用于破除休眠处理所需时间不作为发芽试验时间的一部分。如果样品在规定的试验时间内只有几粒种子开始发芽，则试验时间可延长 7 d，或延长规定时间的一半。根据试验情况，可增加计数的次数。反之，如果在规定的试验时间结束前，样品已达到最高发芽率，则该试验可提前结束。 (2) 鉴定幼苗和观察计数　鉴定要在幼苗主要构造已发育到一定时期进行。根据种子不同，试验中绝大部分幼苗应达到：子叶从种皮中伸出（如莴苣属）、初生叶展开（如菜豆属）、叶片从胚芽鞘中伸出（如小麦属）。尽管一些种子（如胡萝卜属）在试验末期，并非所有幼苗的子叶都从种皮中伸出，但至少在末次计数时，可以清楚地看到子叶基部的“颈”。在初次计数时，应把发育良好的正常幼苗从发芽床中拣出，对可疑的、损伤畸形或不均衡的幼苗，一般保留到末次计数。严重腐烂的幼苗或发霉的死种子应及时从发芽床中除去，并随时增加计数。末次计数时，按正常幼苗、不正常幼苗、新鲜不发芽种子、硬实和死种子分类计数。复胚种子单位作为单粒种子计数，试验结果用至少产生一个正常幼苗的种子单位的比例表示。当送验者提出要求时，也可测定 100 个种子单位所产生的正常幼苗数，或产生一株、两株及两株以上正常幼苗的种子单位数。
结果计算和表示	试验结果以百分数表示。计算时，以 100 粒种子为一个重复，如采用 50 粒或 25 粒的副重复，则应将相邻副重复合并成 100 粒的重复。当一个试验的 4 次重复，其正常幼苗比例都在最大容许差距范围内（表 3-20），则取其平均数表示发芽比例；不正常幼苗、新鲜不发芽种子、硬实和死种子的比例按 4 次重复的平均数计算。
破除休眠和重新试验	当试验结束还存在硬实或新鲜不发芽种子时，或预知或怀疑种子有休眠时，需破除休眠后再进行试验。当试验出现下列情况时，应重新试验。 (1) 怀疑种子有休眠（即有较多的新鲜不发芽种子）时，可采用合适的方法破除休眠，重新试验，将得到的最佳结果填报，需注明所用的方法。 (2) 由于真菌或细菌的蔓延，试验结果不一定可靠时，可采用砂床或土壤发芽床重新试验。如有必要，应增加种子之间的距离。 (3) 当正确鉴定幼苗困难时，可采用表 3-19 中规定的一种或几种方法用砂床或土壤发芽床重新试验。 (4) 当发现实验条件、幼苗鉴定或计数有差错时，应采用同样方法重新试验。 (5) 当重复间的差距超过表 3-19、表 3-20、表 3-21、表 3-22 中最大容许差距时，应采用同样的方法重新试验。如果第二次结果与第一次结果相一致，即其差异不超过规定所示的容许差距，则将两次试验结果的平均数填报在结果单上。如果第二次结果与第一次结果不相符合，即其差异超过规定所示的容许差距，则采用同样的方法进行第三次试验。用第三次结果分别与第一次结果和第二次结果进行比较，填报符合要求的结果。若第三次试验仍得不到符合要求的结果，则应考虑是否人员操作、发芽设备或其他方面存在问题。
试验结果填报	应填报正常幼苗、不正常幼苗、新鲜不发芽种子、硬实和死种子的比例。假如其中任何一项结果为零，则将“—0—”填入表格中。填报正常幼苗等比例时，同时还应填报采用的发芽床种类和温度、发芽试验持续时间以及为促进发芽所采用的处理方法。填写发芽试验原始记录表。

表 3-19 农作物种子的发芽技术规定

种(变种)名	发芽床	温度/℃	初次计数天数/d	末次计数天数/d	附加说明,包括破除休眠的建议
1. 洋葱	TP、BP、S	20、15	6	12	预先冷冻
2. 葱	TP、BP、S	20、15	6	12	预先冷冻
3. 韭葱	TP、BP、S	20、15	6	14	预先冷冻
4. 细香葱	TP、BP、S	20、15	6	14	预先冷冻
5. 韭菜	TP	20～30、20	6	14	预先冷冻
6. 苋菜	TP	20～30、20	4～5	14	预先冷冻、KNO_3 处理
7. 芹菜	TP	15～25、20、15	10	21	预先冷冻
8. 根芹菜	TP	15～25、20、15	10	21	预先冷冻
9. 花生	BP、S	20～30、25	5	10	去壳、预先加温(40℃)
10. 牛蒡	TP、BP	20～30、20	14	35	预先冷冻、四唑染色
11. 石刁柏	TP、BP、S	20～30、25	10	28	
12. 紫去英	TP、BP	20	6	12	机械去皮
13. 裸燕麦(莜麦)	BP、S	20	5	10	
14. 普通燕麦	BP、S	20	5	10	预先加温(30～35℃)
15. 落葵	TP、BP	30	10	28	预先冷冻、GA_3 处理
16. 冬瓜	TP、BP	20～30、30	7	14	预先洗涤、机械去皮
17. 节瓜	TP、BP	20～30、30	7	14	
18. 甜菜	TP、BP、S	20～30、15～15～20	4	14	预先洗涤(复胚 2 h,单胚 4 h,25℃下干燥后发芽)
19. 叶甜菜	TP、BP、S	20～30、15～15～20	4	14	
20. 根甜菜	TP、BP、S	20～30、15～25、30	4	14	
21. 白菜型油菜	TP	15～25、20	5	7	预先冷冻
22. 不结球白菜(包括白菜、乌塌菜、紫菜薹、薹菜、菜薹)	TP	15～25、20	5	7	预先冷冻
23. 芥菜型油菜	TP	15～25、20	5	7	预先冷冻、KNO_3 处理
24. 根用芥菜	TP	15～25、20	5	7	预先冷冻、GA_3 处理
25. 叶用芥菜	TP	15～25、20	5	7	预先冷冻、KNO_3 处理
26. 茎用芥菜	TP	15～25、20	5	7	预先冷冻、KNO_3 处理
27. 甘蓝型油菜	TP	15～25、20	5	7	预先冷冻

续表3-19

种(变种)名	发芽床	温度/℃	初次计数天数/d	末次计数天数/d	附加说明，包括破除休眠的建议
28. 芥蓝	TP	15～25、20	5	7	预先冷冻、KNO_3 处理
29. 结球甘蓝	TP	15～25、20	5	10	预先冷冻、KNO_3 处理
30. 球茎甘蓝(苤蓝)	TP	15～25、20	5	10	预先冷冻、KNO_3 处理
31. 花椰菜	TP	15～25、20	5	10	预先冷冻、KNO_3 处理
32. 抱子甘蓝	TP	15～25、20	5	10	预先冷冻、KNO_3 处理
33. 青花菜	TP	15～25、20	5	10	预先冷冻、KNO_3 处理
34. 结球白菜	TP	15～25、20	5	7	预先冷漠
35. 芜菁	TP	15～25、20	5	7	预先冷冻
36. 芜菁甘蓝	TP	15～25、20	5	14	预先冷冻、KNO_3 处理
37. 木豆	BP、S	20～30、25	4	10	
38. 大刀豆	BP、S	20	5	8	
39. 大麻	TP、BP	20～30、20	3	7	
40. 辣椒	TP、BP、S	20～30、30	7	14	
41. 甜椒	TP、BP、S	20～30、30	7	14	KNO_3 处理
42. 红花	TP、BP、S	20～30、25	4	14	预先加热(40℃，4～6 h)预先冷冻；光照
43. 茼蒿	TP、BP	20～30、15	4～7	21	
44. 西瓜	BP、S	20～30、30、25	5	14	
45. 薏苡	BP	20～30	7～10	21	
46. 圆果黄麻	TP、BP	30	3	5	
47. 长果黄麻	TP、BP	30	3	5	
48. 芫荽	TP、BP	20～30、20	7	21	
49. 柽麻	BP、S	20～30	4	10	
50. 甜瓜	BP、S	20～30、25	4	8	
51. 越瓜	BP、S	20～30、25	4	8	
52. 菜瓜	BP、S	20～30、25	4	8	
53. 黄瓜	TP、BP、S	20～30、25	4	8	
54. 笋瓜	BP、S	20～30、25	4	8	
55. 南瓜	BP、S	20～30、25	4	8	
56. 西葫芦	BP、S	20～30、25	4	8	

续表3-19

种(变种)名	发芽床	温度/℃	初次计数天数/d	末次计数天数/d	附加说明,包括破除休眠的建议
57. 瓜尔豆	BP	20~30	5	14	
58. 胡萝卜	TP、BP	20~30、20	7	14	
59. 扁豆	BP、S	20~30、20、25	4	10	
60. 龙爪稷	TP	20~30	4	8	KNO_3 处理
61. 甜荞	TP、BP	20~30、20	4	7	
62. 苦荞	TP、BP	20~30、20	4	7	
63. 茴香	TP、BP、TS	20~30、20	7	14	
64. 大豆	BP、S	20~30、20	5	8	
65. 棉花	BP、S	20~30、30、25	4	12	
66. 向日葵	BP、S	20~30、25、20	4	10	预先冷溴;预先加温
67. 红麻	BP、S	20~30、25	4	8	
68. 黄秋葵	TP、BP、S	20~30	4	21	
69. 大麦	BP、S	20	4	7	预先加温(30~35℃);预先冷冻;GA_3 处理
70. 蕹菜	BP、S	30	4	10	
71. 莴苣	TP、BP	20	4	7	预先冷冻
72. 瓠瓜	BP、S	20~30	4	14	
73. 兵豆(小扁豆)	BP、S	20	5	10	预先冷冻
74. 亚麻	TP、BP	20~30、20	3	7	预先冷冻
75. 棱角丝瓜	BP、S	30	4	14	
76. 普通丝瓜	BP、S	20~30、30	4	14	
77. 番茄	TP、BP、S	20~30、25	5	14	KNO_3 处理
78. 金花菜	TP、BP	20	4	14	
79. 紫花苜蓿	TP、BP	20	4	10	
80. 白香草木樨	TP、BP	20	4	7	预先冷冻
81. 黄香草木樨	TP、BP	20	4	7	预先冷冻
82. 苦瓜	BP、S	20~30、30	4	14	预先冷冻
83. 豆瓣菜	TP、BP	20~30	4	14	
84. 烟草	TP	20~30	7	16	KNO_3 处理
85. 罗勒	TP、BP	20~30、20	4	14	

续表3-19

种(变种)名	发芽床	温度/℃	初次计数天数/d	末次计数天数/d	附加说明,包括破除休眠的建议
86. 稻	TP、BP、S	20～30、30	5	14	
87. 豆薯	BP、S	20～30、30	7	14	
88. 黍(糜子)	TP、BP	20～30、25	3	7	
89. 美洲防风	TP、BP	20～30	6	28	
90. 香芹	TP、BP	20～30	10	28	
91. 多花菜豆	BP、S	20～30、20	5	9	
92. 棉豆	BP、S	20～30、25、20	5	9	
93. 菜豆	BP、S	20～30、25、20	5	9	
94. 酸浆	TP	20～30	7	28	KNO_3 处理
95. 茴芹	TP、BP	20～30	7	21	
96. 豌豆	BP、S	20	5	8	
97. 马齿苋	TP、BP	20～30	5	14	预先冷冻
98. 四棱豆	BP、S	20～30、30	4	14	
99. 萝卜	TP、BP、S	20～30、20	4	10	预先冷冻
100. 食用大黄	TP	20～30	7	21	
101. 蓖麻	BP、S	20～30	7	14	
102. 鸦葱	TP、BP、S	20～30、20	4	8	预先冷冻
103. 黑麦	TP、BP、S	20	4	7	预先冷冻;GA_3 处理
104. 佛手瓜	BP、S	20～30、20	5	10	
105. 芝麻	TP	20～30	3	6	
106. 田菁	TP、BP	20～30、25	5	7	
107. 粟	TP、BP	320～30	4	10	
108. 茄子	TP、BP、S	20～30、30	7	14	预先冷冻
109. 高粱	TP、BP	20～30、25	4	10	预先冷冻
110. 菠菜	TP、BP	15、10	7	21	
111. 黎豆	BP、S	20～30、20	5	7	
112. 番杏	BP、S	20～30、20	7	35	除去果肉;预先洗涤
113. 婆罗门参	TP、BP	20	5	10	预先冷冻
114. 小黑麦	TP、BP、S	20	4	8	预先冷冻;GA_3 处理
115. 小麦	TP、BP、S	20	4	8	预先冷冻;GA_3 处理

续表3-19

种(变种)名	发芽床	温度/℃	初次计数天数/d	末次计数天数/d	附加说明,包括破除休眠的建议
116. 蚕豆	BP、S	20	4	14	预先冷冻
117. 箭舌豌豆	BP、S	20	5	14	预先冷冻
118. 毛叶苕子	BP、S	20	5	14	预先冷冻
119. 赤豆	BP、S	20～30	4	10	
120. 绿豆	BP、S	20～30、25	5	7	
121. 饭豆	BP、S	20～30、25	5	7	
122. 长豇豆	BP、S	20～30、25	5	8	
123. 矮豇豆	BP、S	20～30、25	5	8	
124. 玉米	BP、S	20～30、25、20	4	7	

表 3-20　同一发芽试验四次重复间的最大容许差距

（2.5%显著水平的两尾测定）

平均发芽率/%		最大容许差距/%
50%以上	50%以下	
99	2	5
98	3	6
97	4	7
96	5	8
95	6	9
93～94	7～8	10
91～92	9～10	11
89～90	11～12	12
87～88	13～14	13
84～86	15～17	14
81～83	18～20	15
78～80	21～23	16
73～77	24～28	17
67～72	29～34	18
56～66	35～45	19
51～55	46～50	20

表 3-21　同一或不同实验室来自相同或不同送验样品间发芽试验的容许差距(2.5%显著水平的两尾测定)

平均发芽率/%		最大容许差距/%
50%以上	50%以下	
98～99	2～3	2
95～97	4～6	3
91～94	7～10	4
85～90	11～16	5
77～84	17～24	6
60～76	25～41	7
51～59	42～50	8

表 3-22　同一或不同实验室不同送验样品间发芽试验的容许差距(5%显著水平的一尾测定)

平均发芽率/%		最大容许差距/%
50%以上	50%以下	
99	2	2
97～98	3～4	3
94～95	5～7	4
91～93	8～10	5
87～90	11～14	6
82～86	15～19	7
76～81	20～25	8
70～75	26～31	9
60～69	32～41	10
51～59	42～50	11

表 3-23 发芽试验与规定值比较的容许差距

（5％显著水平的一尾测定）

规定发芽率/％		容许差距/％
50％以上	50％以下	
99	2	1
96～98	3～5	2
92～95	6～9	3
87～91	10～14	4
80～86	15～21	5
71～79	22～30	6
58～70	31～43	7
51～57	44～50	8

【种子发芽试验案例分析】

案例 1

某一水稻杂交种子发芽试验的 4 次重复的发芽率分别为 98％、95％、97％、96％，其发芽试验条件为纸上、30℃、恒温。

4 次重复的结果平均值为：(98％+95％+97％+96％)/4=96.5％，根据修约至最近似整数的原则，发芽率修约为 97％（0.5 进为 1 计算）。

根据 GB/T 3543.4—1995，查得重复间最大容许差距为 7％，而重复间的最大值 98％，与最小值 95％之差为 3％，在容许差距范围内，所以本试验结果是可靠的，发芽率的结果填报为 97％。

案例 2

某发芽试验 4 次重复的发芽率分别为：77％、67％、70％和 56％，其发芽试验条件为纸上、20～30℃、变温，并经硝酸钾处理。4 次重复的结果平均值为：(77％+66％+69％+56％)/4=67.5％，用 68％查 GB/T 3543.4—1995，查得容许误差为 18％，而重复间的最大差异为：77％−56％=21％，超过了容许误差，所以必须重新进行试验。

第二次的发芽试验 4 次重复的发芽率分别为：72％、74％、69％和 73％。4 次重复的结果平均值为：(72％+74％+69％+73％)/4=72％，用 72 查 GB/T 3543.4—1995，查得容许误差为 18，而重复间的最大差异为：74％−69％=5％，未超过容许误差 18。

现在再比较两次试验的一致性：(67.5％+72％)/2=69.75％，用 70 查 GB/T 3543.4—1995)，其容许误差为 7％，而两次试验间的差距为 72％−67.5％=4.5％，

未超过容许误差。因此，发芽率的最后填报结果为70%。

案例3

发芽试验的第一次结果为88%、73%、67%和84%，按上述案例1计算超过容许误差；第二次发芽试验为92%、85%、79%和92%，按上述案例2计算仍超过容许误差；第三次为94%、88%、88%和95%，这样最后填报符合要求的第二、第三次发芽试验结果为89%。

案例4

有一批种子，种子销售者测定其发芽率为88%，而种子消费者测定其发芽率为81%，请问种子销售者的测定值可以接受吗？

先计算两者平均值为85%，查GB/T 3543.4—1995，查得容许误差为7%，而两试验结果差距为7%，所以销售者的测定值可以接受。

案例5

在案例4中，如果第一次测定为81%，而第二次测定为88%，由于第二次测定好于第一次测定，就不必计算，即可认为第一次测定值可以接受。

【业务经验】

1. 发芽试验中应注意哪些问题

(1) 当种子带菌、纸床污染时可用砂床代替纸床；当纸床或砂床上的幼苗出现中毒症状或对幼苗鉴定结果产生怀疑时，可采用土壤床。

(2) 不同作物的种子对水分的需求有差异，应根据发芽床和种子特性决定发芽床的加水量。如菠菜种子在发芽床上有过剩水分时，发芽率降低，但除去全部或部分果皮，情况就能得到改善。豆类种子浸种时由于急剧吸水而使子叶部分微裂，发芽力下降。水分是必要的，可以应根据不同种子的特性，选择供水适当的发芽床，并在整个发芽过程中保持适宜的水分。

(3) 变温是模拟种子发芽的自然环境，有利于氧气渗入种子，促进酶活化，加速发芽。新收获的休眠种子对发芽温度要求特别严格，必须选用较低温度或变温；陈种子选用变温或较低恒温也有利于发芽。

(4) 发芽期间应使种子周围有足够的空气，尤其是用纸卷发芽应注意使纸卷疏松，用砂床和土壤试验时，覆盖种子的砂或土壤不要压紧。

(5) 由于光照利于抑制发芽过程中霉菌生长繁殖和幼苗子叶、初生叶的光合作用，除需暗型种子在发芽初期应放置黑暗条件下培养外，其他种子发芽时，只要条件允许，最好在光照下培养。

(6) 如果样品在规定的试验时间内只有几粒种子开始发芽，则试验时间可延长

7 d，或延长规定时间的一半；反之，如果在规定的试验时间结束前，样品已达到最高发芽率，则该试验可提前结束。

（7）甜菜等复胚种子单位作为单粒种子计数，试验结果用至少产生一个正常幼苗的种子单位的比例表示。

（8）当试验结束还存在硬实或新鲜不发芽种子时，可采用适当的方法破除休眠。

2. 蔬菜种子发芽有何特性

（1）十字花科　萝卜和青菜种子发芽适温为 20～30℃，采收后有一定的休眠期，但是经过 2～3 个月贮藏后可通过休眠。

（2）菊科　莴苣和芹菜等种子也有一定的休眠期，低温光照处理可有效破除休眠，其发芽适温为 15～20℃低温，在 30℃以上则发芽不良。

（3）伞形科　胡萝卜种子采收后一般有 2～3 个月休眠期，由于胚未成熟或患病而不能发芽的种子较多，发芽最适温度 15～20℃。

（4）藜科　菠菜种子除去果皮则发芽良好。加温处理可促进种子和果皮后熟，使抑制物质分解而达到完全发芽，加温至 50～60℃、保持 2～3 d 为宜；发芽以低温为好，25℃以上则发芽不良。

（5）茄科　茄子种子在恒温下发育不良，以变温发芽为好。20～30℃变温条件下，番茄和辣椒种子几乎没有明显的休眠期。辣椒和茄子种子因淘洗不干净，表皮蜡质层和黏液造成种皮不吸水，可通过浸种后用砂网摩擦种皮，使种皮吸水后置床发芽。新收辣椒种子用 1%次氯酸钠处理，可促进发芽。

（6）百合科　葱和洋葱种子发芽适温：葱 15～20℃、洋葱 20～25℃、韭菜 15～20℃，25℃以上发芽受抑制。

（7）葫芦科　瓜类种子发芽用稍干的发芽床为好，适温 25℃，若种子淘洗不干净，需放在砂网上浸种 1～2 h 后用砂网搓洗去表皮黏液，将种子放在吸水纸上吸干表皮水分后置床发芽。

3. 蔬菜种子的休眠如何破除

（1）低温处理：种类有葱、菠菜、芹菜、莴苣，胡萝卜等。通常处理方法是将种子置于规定的温湿发芽床上，放在 5～10℃低温下处理 2～7 d，然后移至规定温度的发芽箱内发芽。

（2）加温干燥处理的种子 50～60℃发芽 2～3 d；西瓜、黄瓜、甜瓜 30℃发芽 3～5 d；花生 45℃发芽 3～7 d，经处理后置床进行标准发芽试验。

【工作任务实施记录与评价】

1. 种子发芽试验考核评价表

序号	评价要素	考核内容和标准	参考分值	自我评价	师傅评价
1	消毒（10分）	操作规范、熟练	7～10		
		操作基本规范	4～6		
		操作不规范	0～3		
2	选取发芽床、数种制床（20分）	能够根据不同种子准确选取发芽床，正确制备发芽床、正确数取试样、制床、贴放标签，操作熟练、规范、符合要求	11～20		
		能够基本准确选取发芽床，基本正确制备发芽床，基本正确数取试样、制床、贴放标签，操作基本熟练、规范、基本符合要求	4～10		
		发芽床选取、制备不正确，数取试样、制床、贴放标签操作不熟练、不规范、不符合要求	0～3		
3	培养管理和结果计算（40分）	能够正确设定不同种子的培养条件，按时管理、准确记录，结果计算正确	21～40		
		不同种子的培养条件设定基本正确，基本按时管理、记录基本准确，结果计算基本正确	4～20		
		不同种子的培养条件设定不正确，没有进行管理、记录，结果计算不准确	0～3		
4	破除休眠和重新试验（20分）	能够根据试验结果进行正确分析，采取合适的方法破除休眠或重新试验	11～20		
		基本能够根据试验结果正确进行分析，基本能够采取合适的方法破除休眠或重新试验	6～10		
		不能根据试验结果正确分析，不能采取合适的方法破除休眠或重新试验	0～5		
5	团队协作（10分）	协作能力强，分工合理，具备较强的职业责任心	10		
		协作能力一般，分工较合理，具备一定的职业责任心	5		
		缺少协作分工意识和团队协作能力，责任心不强	0～4		

2. 种子发芽试验原始记录表

样品编号：__________ 仪器名称：__________ 室内温、湿度：____℃____%
种子名称：__________ 仪器编号：__________ 测定日期：____年____月____日

重复	Ⅰ			Ⅱ			Ⅲ			Ⅳ			结果%	检测依据（方法）
日期	正	不	死	正	不	死	正	不	死	正	不	死		
														作物：
														发芽温度：
正常幼苗（正）														
不发芽种子														预处理方法：
硬实														发芽床：
不正常幼苗（不）														
死种子（死）														不正常的幼苗种类：
结果计算	公式： 种子发芽率 $=\frac{\text{末次记数正常幼苗数}}{\text{供检种子数}}\times 100\%$ 容许误差： % 实际误差： %													

检验员： 校核人： 审核人：

3. 学徒关键职业能力及职业品质、工匠精神评价

项目	A	B	C	D
工作态度				
吃苦耐劳				
团队协作				
沟通交流				
科学严谨				
认真负责				
诚实守信				

4. 种子发芽检验项目总体评价

师傅指导记录	总体评价	评价成绩
		年　月　日

任务5　品种真实性和品种纯度的室内鉴定

【专业知识准备】

一、品种纯度相关定义

品种纯度检验包括两方面内容，即品种真实性和品种纯度。这两个指标与品种的遗传基础有关系，属于品种的遗传品质。

品种真实性是指一批种子所属品种、种或属与文件描述是否相符。

品种纯度是指品种个体与个体之间在特征特性方面典型一致的程度，用本品种的种子数（株、穗数）占供检验本作物种子数（株、穗数）的百分率表示。

异型株是指一个或多个性状（特征、特性）与原品种的性状明显不同的植株。

在纯度检验时如果品种真实性有问题，品种纯度检验就毫无意义了。纯度检验主要鉴别与本品种不同的异型株。国际种子检验规程中指出，品种纯度测定适用的范围是：只有当送验者对报检的种或品种已有说明，并且具有一个可供比较的、可靠的标准样品时，鉴定才是有效的。供比较的性状可以是形态性状、生理生化特性、遗传学特性、化学特性等方面。品种纯度检验的对象可以是种子、幼苗或较成熟的植株。

二、品种纯度鉴定的目的及意义

品种真实性和品种纯度是构成种子质量的两个重要指标，是种子质量评价的重要依据，是保证良种优良遗传特性充分发挥的前提。品种纯度的高低对农业生产的产量和品质都有较大影响，假种子的影响更大，有时会造成绝产。因此，品种真实性和品种纯度检验在种子生产、加工、贮藏及经营贸易中具有重要意义和应用价值。

三、品种纯度室内鉴定概述

品种真实性和纯度鉴定方法根据鉴定场所分为田间检验、室内检验及田间小区鉴定三种；根据其所依据的原理不同主要可分为形态鉴定、物理化学法鉴定、生理生化法鉴定、分子生物学方法鉴定和细胞学方法鉴定。除此之外，还可依据检验的对象分为种子纯度测定、幼苗纯度测定、植株纯度测定。无论哪一种分类方法，在实际应用中，理想的测定方法需达到 5 个要求：结果正确、重演性好、方法简单、省时快速、成本低廉。

品种纯度室内检验通常是指实验室鉴定。在国际种子检验规程和我国农作物种子检验规程中，室内检验包括种子形态鉴定、快速鉴定（物理和化学鉴定）、幼苗鉴定等传统的检测方法，此外，高压液相色谱法、种子荧光扫描法、免疫血清等技术也有用于品种鉴定的研究报道。各种实验室鉴定方法在准确性、经济性和可操作性等方面均有不同程度的差异，可根据实际检验目的和要求选择合适的技术方法。品种纯度测定的送验样品的最小质量应符合表 3-24 的规定。

表 3-24　品种纯度测定的送验样品质量　　g

种　类	限于实验室测定	田间小区及实验室测定
豌豆属、菜豆属、蚕豆属、玉蜀黍属、大豆属及种子大小类似的其他属	1 000	2 000
水稻属、大麦属、燕麦属、小麦属、黑麦属及种子大小类似的其他属	500	1 000
甜菜属及种子大小类似的其他属	250	500
所有种子更小的其他属	100	250

注：根据不同的方法和实验精度要求，以上样品质量可做相应调整。

1. 形态鉴定

形态鉴定又分为籽粒形态测定、种苗形态测定和植株形态测定。籽粒形态测定虽简单快速，但仅适合于籽粒较大、形态性状丰富的作物，如玉米种子，测定结果受主观影响较大。种苗形态测定，适合于幼苗形态性状丰富的作物，如十字花科、豆科等双子叶植物，种苗测定需要的时间一般在 7～30 d，因苗期所依据的性状有限，所以测定结果不太准确。植株形态测定，依据的性状较多，测定结果较准确，如田间纯度检验和田间小区种植鉴定都属于植株形态测定，但植株形态测定需要时间较长，难以满足在调种过程中快速测定的需要。

2. 物理、化学法鉴定

物理方法（physical method），如荧光鉴定法（fluorescence test）、煮沸法等，这些方法可区别品种的种类较少，难以满足品种纯度准确测定的要求。化学方法（chemical method）主要依据化学反应所产生的颜色的差异区分不同品种，如苯酚染色法、碘化钾染色法等。同物理法一样，化学方法区别品种的种类较少，也难以对品种纯度准确测定。但这类方法测定速度快，在实际工作中有一定的利用价值。

3. 生理生化法鉴定

生理生化法鉴定是利用生理生化反应和生理生化技术进行品种纯度测定。这类方法中包括的技术较多，以生理生化反应为基础的有愈伤木酚染色法、光周期反应鉴定法、除草剂敏感性鉴定法等。这些方法鉴别品种的能力较低，因此，测定结果不太准确。以生理生化技术为基础的方法有电泳法鉴定、色谱法鉴定、免疫技术鉴定等。色谱法技术含量较高，免疫技术需要大量技术开发研究，目前两者难以在生产实际中广泛应用。电泳法技术相对较为简单，依据蛋白质或同工酶电泳，可以相对准确地测定品种纯度，是目前品种纯度测定中较为快速准确的方法。

4. 分子生物学方法鉴定

分子生物学方法种类非常多，它是在 DNA 和 RNA 等分子水平上鉴别不同品种。在 DNA 水平上，将目前应用的 DNA 分子技术分为 3 类：非 PCR 技术、随机或半随机引物 PCR 技术、特异 PCR（目标位点 PCR）技术。在 RNA 水平上可分为 RT-PCR 技术、DDRT-PCR 技术等。目前在品种检测中最常用的分子技术主要有 RAPD 技术、SSR 技术、AFLP 技术以及 RFLP 技术。分子技术在品种 DNA 指纹的制作方面具有广泛的用途，在品种纯度检测方面有着远大的前途。

四、种子室内纯度测定的基本程序

种子室内纯度测定的基本程序是：从送验样品（最小质量符合表 3-24 的规定）中随机数取一定数量的种子，测定异品种种子，再按以下公式计算样品纯度。

$$品种纯度=\frac{供检样品种子数-异品种种子数}{供检样品种子数}\times 100\%$$

必要时需将测定结果和规定值比较，测定结果（A）是否符合国家种子质量标准或合同、标签值（B）的要求，可利用表 3-25 评判，如果 $|A-B|\geqslant$容许差距，则说明不符合国家种子质量标准或合同、标签值（B）的要求，反之，符合要求。

表 3-25　品种纯度的容许差距

（5%显著水平的一尾测定）　　%

标准规定值		样本株数、苗数或种子粒数							
50%以上	50%以下	50	75	100	150	200	400	600	1 000
100	0	0	0	0	0	0	0	0	0
99	1	2.3	1.9	1.6	1.3	1.2	0.8	0.7	0.5
98	2	3.3	2.7	2.3	1.9	1.6	1.2	0.9	0.7
97	3	4.0	3.3	2.8	2.3	2.0	1.4	1.2	0.9
96	4	4.6	3.7	3.2	2.6	2.3	1.6	1.3	1.0
95	5	5.1	4.2	3.6	2.9	2.5	1.8	1.5	1.1
94	6	5.5	4.5	3.9	3.2	2.8	2.0	1.6	1.2
93	7	6.0	4.9	4.2	3.4	3.0	2.1	1.7	1.3
92	8	6.3	5.2	4.5	3.7	3.2	2.2	1.8	1.4
91	9	6.7	5.5	4.7	3.9	3.3	2.4	1.9	1.5
90	10	7.0	5.7	5.0	4.0	3.5	2.5	2.0	1.6
89	11	7.3	6.0	5.2	4.2	3.7	2.6	2.1	1.6
88	12	7.6	6.2	5.4	4.4	3.8	2.7	2.2	1.7
87	13	7.9	6.4	5.5	4.5	3.9	2.8	2.3	1.8
86	14	8.1	6.6	5.7	4.7	4.0	2.9	2.3	1.8
85	15	8.3	6.8	5.9	4.8	4.2	3.0	2.4	1.9
84	16	8.6	7.0	6.1	4.9	4.3	3.0	2.5	1.9
83	17	8.8	7.2	6.2	5.1	4.4	3.1	2.5	2.0
82	18	9.0	7.3	6.3	5.2	4.5	3.2	2.6	2.0
81	19	9.2	7.5	6.5	5.3	4.6	3.2	2.6	2.1
80	20	9.3	7.6	6.6	5.4	4.7	3.3	2.7	2.1
79	21	9.5	7.8	6.7	5.5	4.8	3.4	2.7	2.1
78	22	9.7	7.9	6.8	5.6	4.8	3.4	2.8	2.2
77	23	9.8	8.0	7.0	5.7	4.9	3.5	2.8	2.2
76	24	10.0	8.1	7.1	5.8	5.0	3.5	2.9	2.2

续表 3-25

标准规定值		样本株数、苗数或种子粒数							
75	25	10.1	8.3	7.1	5.8	5.1	3.6	2.9	2.3
74	26	10.2	8.4	7.2	5.9	5.1	3.6	3.0	2.3
73	27	10.4	8.5	7.3	6.0	5.2	3.7	3.0	2.3
72	28	10.5	8.6	7.4	6.1	5.2	3.7	3.0	2.3
71	29	10.6	8.7	7.5	6.1	5.3	3.8	3.1	2.4
70	30	10.7	8.7	7.6	6.2	5.4	3.8	3.1	2.4
69	31	10.8	8.8	7.6	6.2	5.4	3.8	3.1	2.4
68	32	10.9	8.9	7.7	6.3	5.5	3.8	3.2	2.4
67	33	11.0	9.0	7.8	6.3	5.5	3.9	3.2	2.5
66	34	11.1	9.0	7.8	6.4	5.5	3.9	3.2	2.5
65	35	11.1	9.1	7.9	6.4	5.6	3.9	3.2	2.5
64	36	11.2	9.1	7.9	6.5	5.6	4.0	3.2	2.5
63	37	11.3	9.2	8.0	6.5	5.6	4.0	3.3	2.5
62	38	11.3	9.2	8.0	6.5	5.7	4.0	3.3	2.5
61	39	11.4	9.3	8.1	6.6	5.7	4.0	3.3	2.5
60	40	11.4	9.3	8.1	6.6	5.7	4.0	3.3	2.5
59	41	11.5	9.4	8.1	6.6	5.7	4.1	3.3	2.6
58	42	11.5	9.4	8.2	6.7	5.8	4.1	3.3	2.6
57	43	11.6	9.4	8.2	6.7	5.8	4.1	3.3	2.6
56	44	11.6	9.5	8.2	6.7	5.8	4.1	3.4	2.6
55	45	11.6	9.5	8.2	6.7	5.8	4.1	3.4	2.6
54	46	11.6	9.5	8.2	6.7	5.8	4.1	3.4	2.6
53	47	11.6	9.5	8.2	6.7	5.8	4.1	3.4	2.6
52	48	11.7	9.5	8.3	6.7	5.8	4.1	3.4	2.6
51	49	11.7	9.5	8.3	6.7	5.8	4.1	3.4	2.6
50	50	11.7	9.5	8.3	6.7	5.8	4.1	3.4	2.6

五、品种纯度的电泳测定原理及图谱分析

(一)品种纯度的电泳测定原理

电泳在品种纯度测定中的成功开发应用是基于蛋白质可作为对编码的结构基因的标记。因此个体或群体间蛋白质成分的差异就成为基因表达的根本差异。由于基因是与遗传特征相联系的，所以蛋白质标志能标记这些特征。电泳法测定品种纯度主要利用电泳技术对品种的同工酶及蛋白质的组分进行分析，找出品种间差异的生化和分子指标，以此区分不同品种。目前，品种鉴定主要是以同工酶和蛋白质为电泳对象。同工酶是指同一生物体或同一组织中催化相同化学反应，但结构不同的酶。蛋白质或酶组分的差异最终是由于品种遗传基础的差异造成的，因此分析酶及蛋白质的差异从根本上说是分析遗传的差异，即品种差异，利用先进的电泳技术可非常准确地分析种子蛋白质或同工酶的差异，进而区分不同品种，测定品种纯度。

由于某些同工酶在种子贮藏和萌发过程中，种类数目易随生活力和发育时期的变化而变化，加之种子萌发速度不一致，所以对品种纯度鉴定不利。此外，酶的提取和电泳条件较蛋白质要求严格，需在低温下进行。因此，在纯度鉴定的研究中，应以蛋白质为主。

（二）鉴定不同类型杂交玉米的蛋白质电泳标准图谱（图 3-7）

应注意的是，电泳测定时在不同混杂率的情况下，保证测定结果的可靠性所需要的样本粒数不同，可参考表 3-26。

表 3-26　电泳所需样品数量　　粒

概率水平	混杂率%								
	0.1	2	5	10	15	20	25	30	35
0.99	4 600	458	90	44	28	21	16	13	11
0.95	3 000	298	58	28	18	13	10	8	7
0.90	2 300	228	45	22	14	10	8	6	5

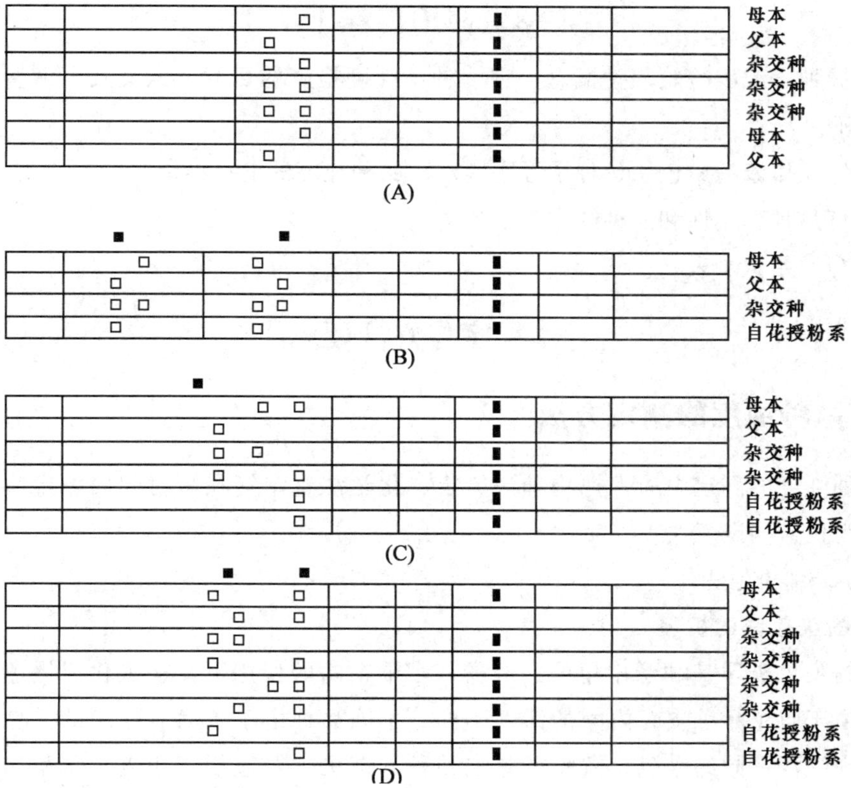

（A）父本存在标记谱带而母本缺少标记谱带。

（B）鉴定单交种、杂交种，只有一条特征谱带，而其他谱带是来自自花授粉系（同母本相同谱带类型）或来自混杂品种。

（C）鉴定三交种，母本的自交系，按照 Mendelian 规则，可能出现两种谱带类型，但大多数品种仅出现一种类型。

（D）鉴定双交种，杂交种出现两种谱带类型。按照 Mendelian 规则，可能出现四种谱带类型。

图 3-7　ISTA 鉴定不同类型杂交玉米的蛋白质电泳标准图谱

【任务实施】

在师傅指导带领下，首先在品种真实性和品种纯度鉴定开始前做好一切准备工作，仪器使用前要对仪器状态进行查看，并做好记录；对检验室温度、湿度、电源、供水和排水进行有效的控制，并做好记录；其次，规范进行不同作物品种真实性和纯度鉴定操作，完成品种真实性和纯度鉴定原始记录表及结果填写。

【任务目标与质量要求】

按照《农作物种子检验规程》进行不同作物品种真实性和品种纯度鉴定操作，完成种子品种真实性和品种纯度原始记录表及结果报告。

【学习产出目标】

1. 掌握种子纯度检验相关概念，理解种子纯度检测的目的、意义及电泳鉴定种子纯度的原理。

2. 熟练操作苯酚染色法、种子形态鉴定、品种纯度的电泳鉴定。

3. 制订品种真实性和品种纯度鉴定方案。

4. 填写原始记录表。

【工作程序与方法要求】

一、品种纯度的测定方法

在品种纯度的测定中通常把物理法鉴定、化学法鉴定等在短时间内测定品种纯度的方法归为快速测定方法。

（一）苯酚染色法

1. 苯酚染色法的机理

苯酚的染色机理是种子中单酚、双酚、多酚在酶的作用下，被氧化成黑色的非溶性色素。由于每个品种皮壳内酶的活性不同，不同品种由于苯酚氧化酶的活性和种类不同而呈现深浅不同的颜色，借此可鉴定品种。该法主要适用于小麦、水稻、牧草种子。

2. 苯酚染色的方法

小麦苯酚染色的方法有两种。

第一种方法的测定程序是：取净种子 2 份，各 100 粒→浸入清水中 24 h→取出置于 1%苯酚湿润的滤纸上→室温 4 h→鉴定种子染色深浅。一般染后的颜色可分为不染色、淡褐色、褐色、深褐色、黑色 5 种，将与基本颜色不同的种子取出作为异品种，计算品种纯度。

第二种方法的测定程序是：种子用 1.0%的苯酚浸 15 min→取出后种子腹沟朝下放在铺有 1%苯酚湿润过的滤纸的培养皿中→盖上贴有同样滤纸的培养皿盖→放置在 30～40℃温箱内→染色 0.5～1 h→观察染色结果，区分本品种与异品种，计算品种纯度。

专家提醒：①某些小麦品种利用标准法染色后，颜色相同无法区别。可采用加速或延缓剂处理后再染色鉴定。对染色很深的种子，用 0.3%碳酸钠溶液浸种 18 h（室温）；对染色很浅的种子要利用 0.01%硫酸铜溶液浸种 18 h，然后放在培养皿内染色。②在应用此法测定品种纯度时，最好用固定程序测定现有品种的染色情况，供测定时参考。

（二）种子形态鉴定

不同种类种子可根据种子形态特征差异进行鉴别，如水稻种子根据谷粒形状、长宽比、大小、稃壳和稃尖色、稃毛长短、稃毛稀密、柱头夹持率等鉴定。小麦种子根据外稃基部形状，稃粒颜色、形状、腹沟基刺、腹沟宽，小穗轴绒毛多少，外稃侧背脉纹齿状突起，内外稃皱褶，鳞被形状及绒毛稀密鉴定。豆类根据种子颜色、大小、形状、光泽、蜡质，种脐形状及颜色鉴定。棉花种子则依据籽色、籽形和短绒密度分析品种的真实性和纯度，陆地棉绿色籽日晒呈棕色，稀毛籽、畸形籽、多毛大白粒和光籽为杂籽，白籽、灰白籽也为正常籽；海岛棉绿色籽，光籽为正常籽，而灰白籽、多毛大白粒和光籽为杂籽。玉米种子形态特征如种子粒形（圆粒、扁粒、长粒）、类型（马齿形、半马齿形、硬粒形）、颜色（白、浅黄、黄、橙黄、浅红、紫色）、种子大小、果柄颜色（红、白、浅红、紫红）、顶部凹陷和饱满状况，种胚的大小和形状，籽粒表面圆滑程度、棱角的有无、颜色和花丝痕迹等特征，均可用于区别不同品种及鉴定父母本与杂交种、确定品种纯度。其中，利用胚乳直感现象鉴定杂交种与父母本有明显颜色差异的亲本自交系粒是很有效的。例如，玉米杂交组合中母本籽粒顶端黄色、父本白色、杂交种为白色，据此可将母本自交系粒和杂交种区分：为黄色、胚乳橘红色、父本为白色，同样杂交种为白色、胚乳为橘红色，可明显地将杂交种与母本自交粒区分。

从某一小麦品种送验样品中，随机数取 400 粒种子，每个重复 100 粒，分别从第一份试样中分出 2 粒燕麦种子，第二、三、四份试样中各分出 1 粒燕麦种子，这样从 400 粒试样中共找出 5 粒异品种燕麦种子，计算其品种纯度。并判定是否达到国家种子质量标准。

$$品种纯度=\frac{供检样品种子数-异品种种子数}{供检样品种子数}\times 100\%$$

$$品种纯度=\frac{400-5}{400}\times 100\%=98.75\%$$

小麦国家种子质量标准规定品种纯度为 99.0%，从表 3-27 查得容许差距为 0.8%，本次抽检品种纯度为 98.75%，$|98.75\%-99.0\%|=0.25\%<0.8\%$，表明这批小麦种子是合格的。

（三）幼苗形态鉴定

在温室或培养箱中，提供使植株加速发育的条件，当幼苗达到适宜评价的发育阶段时，对全部或部分幼苗进行鉴定。利用幼苗芽鞘颜色等标记性状鉴别真假杂种。例如，玉米种子 SC-704 的芽鞘是紫红色的，其母本的芽鞘是黄绿色的。根据第一片真叶叶缘特性鉴定西瓜纯度，第一片真叶展开时根据叶缘有无缺刻、缺刻深浅鉴别西瓜杂交组合的不同品种。

（四）品种纯度的电泳测定

品种纯度的电泳测定方法见案例部分。

【品种纯度鉴定案例】

案例1　盐溶蛋白电泳鉴定玉米种子纯度原理及测定程序

一、测定原理

从玉米种子中提取的盐溶蛋白在聚丙烯酰胺凝胶的浓缩效应、分子筛效应和电泳分离的电荷效应作用下进行分离，通过染色显示蛋白质谱带类型。不同玉米品种由于遗传组成的不同，种子内所含的蛋白质种类有差异，这种差异可利用电泳图谱加以鉴别，从而对种子真实性和品种纯度进行鉴定。

二、测定程序

工作环节	工作程序
仪器清洗和溶液配制	1. 清洗实验全部仪器 2. 溶液配制 (1) 电极缓冲液　称取甘氨酸 6.00 g，倒入 2 000 mL 烧杯中，加入 1 800 mL 去离子水溶解，用 2.0 mL 乳酸调至 pH 为 3.3，再加去离子水定容至 2 000 mL，混匀。 (2) 样品提取液　称取氯化钠 5.80 g、蔗糖 200.00 g、甲基绿 0.15 g，倒入 1 000 mL 烧杯中，加去离子水 800 mL 溶解，加热至微沸，冷却至室温，再用去离子水定容至 1 000 mL。在 4℃条件下保存。 (3) 分离胶缓冲液　取 1.43 mL 乳酸钠于 1 000 mL 烧杯中，加去离子水 980 mL，用乳酸调至 pH 为 3.0，再加去离子水定容至 1 000 mL，贮于棕色瓶中，在 4℃条件下保存。 (4) 分离胶溶液　称取丙烯酰胺 112.50 g，N，N'-亚甲基双丙烯酰胺 3.75 g，抗坏血酸 0.25 g，硫酸亚铁 8.0 mg，用分离胶缓冲液溶解，再用分离胶缓冲液定容至 1 000 mL，过滤于棕色瓶中，在 4℃条件下保存，不超过 14 d。 (5) 浓缩胶缓冲液　取 0.30 mL 乳酸钠于 200 mL 烧杯中，加去离子水 90 mL，用乳酸调至 pH 为 5.2，再加去离子水定容至 100 mL。贮于棕色瓶中，在 4℃条件下保存。 (6) 浓缩胶溶液　称取丙烯酰胺 6.00 g，N，N'-亚甲基双丙烯酰胺 1.00 g，抗坏血酸 0.03 g，硫酸亚铁 0.8 mg，用浓缩胶缓冲液溶解，再用浓缩胶缓冲液定容至 100 mL，过滤于棕色瓶中，在 4℃条件下保存（不超过 6 d）。 (7) 3%的过氧化氢溶液　取 30%的过氧化氢 1 mL，加 9mL 去离子水，贮于棕色瓶中，在 4℃条件下保存。 (7) 3%的过氧化氢溶液　取 30%的过氧化氢 1 mL，加 9 mL 去离子水，贮于棕色瓶中，在 4℃条件下保存。 (8) 染色液　称取考马斯亮蓝 R-250 2.00 g，在研钵中用 100 mL 无水乙醇研磨溶解，过滤于棕色瓶中。取 10 mL 该溶液，加入 200 mL 的 10%三氯乙酸溶液中，混匀。
样品制备	按要求，从送验样品中随机分取玉米种子至少 100 粒，用单籽粒粉碎器粉碎，放入 1.5 mL 离心管中，用滴管加入与样品体积相同的样品提取液，摇匀，放置 5 min 后，再摇一次，30 min 后，用离心机离心（5 000 r/min）15 min，取上清液用于电泳。

制备凝胶

1. 胶室制备
将预先洗净晾干的玻璃板装入胶条中，然后把胶条固定在垂直板电泳槽内，保持水平，短板向正极，拧紧螺栓，备用。
2. 封底缝
根据电泳槽大小，取适量分离胶溶液于烧杯中，用微量进样器加入适量 3%的过氧化氢溶液（一般每 5 mL 分离胶溶液加 20 μL 3%过氧化氢溶液），迅速摇匀，并从长玻璃板外侧沿玻璃板倒入，振动电泳槽 3 次，放平。
3. 灌分离胶
底缝封住后，用滤纸条插入两玻璃板之间吸去因聚合而析出的水；量取分离胶溶液适量，加入 3%过氧化氢溶液（一般每 15 mL 分离胶溶液加 3%过氧化氢 20 μL）迅速摇匀；倾斜电泳槽，将分离胶溶液倒入两玻璃板之间，高度距短玻璃板上沿 1.2 cm；放平电泳槽并在试验台上振动 3 次后，迅速加入适量的正丁醇封住胶面。待凝胶聚合后，吸出分离胶表面上的正丁醇，并用去离子水冲洗胶面 3 次，用滤纸吸干。
4. 灌浓缩胶
量取浓缩胶溶液适量，加入 3%过氧化氢溶液（一般每 5 mL 浓缩胶溶液加 3%过氧化氢溶液 40 L），迅速搅匀，倒入两玻璃板之间，马上插好样品梳，样品梳底部距分离胶顶部 0.5 cm。

⇩

点　样

浓缩胶聚合后，拔出样品梳并将样品槽清理干净，用微量进样器在每个样品槽中加入不同籽粒的样品上清液 15 L。每点一粒后，都要用去离子水清洗进样器 3 次。

⇩

电　泳

加样完毕后，倒入电极缓冲液，上槽电极缓冲液面要高于短玻璃板，下槽电极缓冲液面要高于铂金丝；将电源线正极接上槽，负极接下槽；接通电源，采用 500 V 稳压进行电泳，待甲基绿指示剂下移至胶底部边缘时，关闭电源。

⇩

卸　板

倒出电极液，从电泳槽内取出胶室，卸下胶条，启开玻璃板，取出胶片，浸入染色液中。

⇩

染　色

在 30℃恒温条件下染色 2～4 h。

⇩

洗　板

取出胶片，用 0.5%的不加酶洗衣粉水洗净。

⇩

结果计算

1. 电泳测定值计算
待整个供检样品电泳结束后，在观片灯上鉴定胶片上电泳谱带的特征和一致性，计数供检样品粒数和非本品种粒数，并按下式计算电泳测定值 X。

$$X=100\%\times（供检样品-非本品种粒数）/供检样品粒数$$

2. 样品纯度值计算
将电泳测定值 X 代入回归方程，计算出样品纯度值 Y，再将 Y 与 GB 4404.1 中的纯度值进行比较，判定样品是否合格。

$$Y=52.9+0.461X$$

3. 填写真实性及品种纯度鉴定记录表。

⇩

案例 2 ISTA 小麦和大麦种子醇溶蛋白聚丙烯酰胺凝胶电泳鉴定品种的标准程序

一、原理

从种子中提取出来的小麦和大麦籽粒的醇溶蛋白，可用 pH＝3.2 的聚丙烯酰胺凝胶电泳（PAGE）进行分离。其电泳所出现的蛋白质谱带类型与同品种的遗传组成有关，并可作为品种的“指纹”。因此，就可利用这种品种“指纹”来鉴定未知品种的真实性，以及分析单粒种子个体的“指纹”来测定品种的纯度。

二、仪器和试剂

1. 仪器

（1）电泳仪　可用北京六一仪器厂制造的 DYY-Ⅲ型电泳仪（电压范围 1～600 V）或用江苏丹阳无线电一厂生产的 SCR-4 型高压电泳仪（电压范围 1～1 500 V）。

（2）电泳槽　可用夹心式垂直电泳槽，其样品梳为 11～12 个齿，也可用 1 mm 厚度的有机玻璃板或橡胶板自制成 15～16 个齿的样品梳。

（3）离心机　可用高速台式离心机，其最高转速为 16 000 r/min，定时器定时 1～20 min。

（4）离心管　必须用与离心机配套使用的离心管，通常用 1 mL 的聚丙烯塑料离心管，作为样品提取的容器。

（5）天平　1/1 000 的电子天平或分析天平。

（6）样品钳　这是用于夹碎种子的工具，可用轻便老虎钳代替。

（7）其他物品　还需有存放有关试剂的广口瓶、移液管及移液管架、移液球或洗耳球、滴瓶、微量进样器（1～50 μL）等。

2. 试剂

所有使用的化学试剂都应为分析纯或更高等级。

丙烯酰胺、亚甲基丙烯酰胺、尿素、冰醋酸，甘氨酸、硫酸亚铁、抗坏血酸、过氧化氢、2-巯基乙醇、甲基绿、三氯醋酸、乙醇、2-氯乙醇、考马斯亮蓝 R-250 或 G-250。

三、溶液的配制

1. 提取液

（1）小麦提取液（100 mL）称取甲基绿粉剂 0.05 g，加入 25 mL 2-氯乙醇，再加入去离子水，定容至 100 mL，低温保存。

（2）大麦提取液（100 mL）　称取甲基绿粉剂 0.05 g，加入 20 mL 2-氯乙醇加入 18 g 尿素，再加入 1 mL 2-巯基乙醇，然后加入去离子水，定容至 100 mL，低温保存。

2. 电极缓冲原液

吸取 20 mL 冰醋酸，加入 2 g 甘氨酸，再加入去离子水，定容至 500 mL，低温保存，使用时再稀释 10 倍。

3. 凝胶缓冲液

吸取冰醋酸 5 mL，加入 0.25 g 甘氨酸，再加入去离子水，定容至 250 mL，低温保存。

4. 0.6%过氧化氢液

吸取 30%过氧化氢原液 0.6 mL，加去离子水，定容至 30 mL，装入 100 mL 滴瓶，低温保存。

5. 染色液

(1) 10%三氯醋酸液（500 mL）称取 50 g 三氯醋酸，加入去离子水，定容 500 mL。

(2) 1%考马斯亮蓝液（50 mL）称取 0.5 g 考马斯亮蓝，溶于 50 mL 无水酒精。

6. 凝胶溶液

称取丙烯酰胺 20 g、亚甲基丙烯酰胺 0.8 g、尿素 12 g、抗坏血酸 0.2 g、硫酸亚铁 0.01 g，再加入 120 mL 凝胶缓冲液溶解，并用该液定容至 200 mL，低温保存备用。

注：配制试剂需用去离子水或重蒸水。

四、操作程序

1. 样品醇溶蛋白提取

取若干个清洁干燥的 1 mL 聚丙烯离心管，分别插入合适的试管架圆孔内，取小麦或大麦种子样品逐粒用样品钳夹碎，在夹种子时，最好垫上小片清洁的纸，以防止样品之间污染，每粒夹碎的种子粉块放入一个离心管。真实性鉴定时，每个样品重复 3～5 次；品种纯度测定时，每个样品测定 50～100 粒种子，然后加入样品提取液，每管小麦加入 0.2 mL，每管大麦加入 0.3 mL，盖好后在室温下浸提一夜，加样前用 5 500 r/min，离心 15 min。

2. 凝胶玻璃封缝

从冰箱内取出凝胶溶液和过氧化氢液、每块胶板吸取这种凝胶溶液 3 mL，放入小烧杯后立刻加入 0.6%过氧化氢液小半滴，摇匀后迅速倒入封口处，稍加晃动，使整条缝中充满胶液，让其在 5～10 min 内聚合。但必须注意，灌胶动作应快速，否则会因为倒得太慢，在倒入缝口处前，胶就开始聚合。

3. 灌制分离胶和插入样品梳

从冰箱内取出凝胶溶液和过氧化氢液，每块胶板吸取凝胶液 17～18 mL，放入烧杯后立即加入 1 滴 0.6%过氧化氢液，迅速摇匀，倒入凝胶玻板之间，马上插好样品梳，并用铁夹子夹正，直放，让其在5～10 min内完全聚合。

4. 加样

在加样前，小心、平衡地拨出样品梳，用滤纸吸去多余的水分，然后用微量进样器吸取醇溶蛋白提取液。一般每个样品加样10～20 μg，若加样量太多，会使蛋白质谱带模糊而难以分辨。

5. 电泳

在电泳前，先将电极缓冲液稀释10倍。一般每个电泳槽取80 mL电极缓冲原液，加去离子水稀释到800 mL，分别注入前槽和后槽。注意要确保前、后槽电极能连通。

接好电极引线，前槽接正极，后槽接负极，然后打开电源，逐渐将电压调到500 V。电泳时，要求在15～20℃下进行。如室温过高，可放在冰箱内、空调室内或接通自来水冷却。电泳时间一般为60～80 min。具体时间可按甲基绿迁移时间来推算。如果甲基绿前沿指示剂在25～30 min迁移至胶板底部（10 cm左右），那么，醇蛋白电泳时间为甲基绿迁移时间的2～2.5倍，即60～80 min。

6. 固定和染色

在固定和染色前，按每块胶板吸取3.5 mL 1.0%考马斯亮蓝液；再加上100 mL 10%三氯醋酸液，配成染色液。

小心地剥下胶板，切去样品槽部分的胶板，并切去胶板一小角以做左右标记，然后用去离子水漂洗后，浸入染色液染色1～2 d。

7. 保存

倒去染色液，用清水漂洗，并用湿软毛笔刷去胶板表面的沉淀物，然后用7%醋酸液保存，也可制成干胶板或装在聚乙烯薄膜袋里在4℃冰箱内，可保存数个月而不变质。

五、电泳图谱鉴定

1. 真实性鉴定

按电泳胶板蛋白质显色的蓝色谱带绘下电泳图谱，并计算出R_f值，与其品种的标准图谱比较，以鉴别品种的真伪。

2. 品种纯度测定

按品种标准图谱鉴别出图谱不同的异品种种子粒数，计算出品种纯度。

【业务经验】

一、电泳过程中应特别注意的问题

(1) 在提取样品醇溶蛋白过程中，在取种子时，不能取霉烂的、蛋白质已分解或变质的病粒，以免造成误检。同时夹碎每粒种子的程序或细度应基本一致。以保证各管样品提取蛋白质含量基本一致。种子含水量也应基本一致，种子越干燥，越易夹碎，那么，醇溶蛋白含量就多，反之则少，这样会影响谱带的出现或丢失，以及造成谱带浓淡程度的差异。此外，每管所加入提取液的量也应基本一致。

（2）凝胶溶液必须保存在冰箱内近零度的温度下，并且存放时间不宜过长，否则会变质而失效。在封缝和灌分离胶时，从吸取胶液、加入过氧化氢溶液、混匀、灌胶直至插入样品梳等全部过程必须迅速，以免在灌胶前，胶液就开始聚合而导致实验失败，浪费胶液和时间。

（3）加样数量应掌握好，一般为 10～20 μL，严防加样过多或过少。因为加样过多，则谱带相连续，难以分辨；加样过少，则有的谱带可能丢失，均难以保证电泳图谱的质量。

（4）电泳温度应保持在 15～20℃范围内，当室内气温过高时，应放在冰箱内、空调室内或接通自来水等措施冷却，以防蛋白变质而影响电泳图谱的质量。

（5）该标准电泳程序是利用 10％浓度凝胶，胶板较脆，并且在快速聚合时，与玻板粘得较牢。因此在剥胶板时，应尽量小心，以防剥破表面而前功尽弃。

二、电泳中容易出现的问题

1. 凝胶不聚合

一般凝胶贮备液按比例混合好后，在 30～40 min 内可以聚合，当需 1 h 以上才能聚合时，可能由以下原因所致：①试剂配比不对，应严格按配方配制。②凝胶贮液放置时间过长，一般情况下溶液放在棕色瓶内在低温下 4℃左右保存，但过硫酸铵需现配现用。③试剂不纯。④温度偏低，一般温度低于 15℃时凝胶聚合变慢，可适当将凝胶加热或将玻璃板预热。

2. 分离胶面不平或凝胶内产生气泡

这是在灌胶后加水盖封时不小心造成的，凝胶内有气泡主要是灌胶速度过快造成的，因此在灌胶和加水盖封时都应小心。

3. 电泳过程中容易出现的故障

（1）凝胶龟裂或与玻板分离，这主要是电流过大使胶板过热造成的。

（2）谱带分离效果不好，大分子蛋白分离不好，凝胶浓度过高。小分子蛋白分离不好，凝胶浓度过低。缓冲系统 pH 与蛋白质特性不合适，如碱性蛋白在碱性条件下电泳、酸性蛋白在酸性条件下电泳。电泳时间太短，蛋白质不能很好的分离。

（3）谱带不整齐，主要是凝胶聚合太快、不均匀，分离胶面不平或凝胶内有气泡造成的。

（4）谱带太宽或拖尾，太宽是浓缩效果不好造成的，拖尾是样品在电泳过程中分解或变性造成的，应改变样品处理方法。

三、 DNA 分子标记指纹图谱鉴定

1. 常用的 DNA 分子标记技术

利用分子标记技术，直接反应 DNA 水平上的差异，所以成为当今最先进的遗传标记系统。常用的 DNA 分子标记有 RFLP 标记、VNTR 标记、RAPD 标记（随机扩增多态性 DNA）、SSLP 标记（简单序列长度多态性）、SCAR 标记（特征序列的扩增区域）、STS（序列标记位点）、SNP 标记（单核苷酸多态性）和 AFLP 标记（扩增片段长度多态性）、小卫星标记、微卫星标记、SSR 标记（简单重复序列）和 ISSR 标记（简单序列重复区间）。

2. SSR 标记技术及操作

植物的基因组中存在着由几个核苷酸（2～5 个）为重复单位组成的长达几十个核苷酸的重复序列，由于它的重复单位数目是高度变异的，而且每个微卫星 DNA 两端的序列一般都是相对保守的单拷贝序列，因而根据其两端的序列设计一对特异引物，可通过扩增产生的重复序列长度多态性鉴定物种。SSR 标记技术的优点：①可区分纯合和杂合基因型；②多态性丰富、信息含量高、具有多等位基因特性；③数量丰富，覆盖整个染色体组；④实验程序简单、耗费时间短、结果重复性好；⑤易于利用 PCR 技术分析，所需 DNA 量少，且质量要求不高；⑥实验技术难度和实验成本较低；⑦很多引物序列公开发表，易于传播应用。该技术缺点是开发和合成新的 SSR 引物投入高、难度大、需要通过构建 SSR 基因库，筛选阳性克隆，测定新的 SSR 序列，设计位点特异性引物，因此是一个过程烦琐、工作量大、效率低且耗资很大的工作。

玉米品种鉴定技术规程 SSR 标记法见附录 5。

【工作任务实施记录与评价】

1. 玉米种子品种纯度鉴定（盐溶蛋白电泳法）任务考核与评价方法

序号	评价要素	考核内容和标准	标准分值	自我评价	师傅评价
1	溶液配制（20 分）	能够根据实验要求精确配制溶液，操作规范、熟练	11～20		
		基本能根据实验要求配制溶液，操作基本规范、熟练	6～10		
		配制溶液操作不规范、不熟练	0～5		
2	样品制备（10 分）	能够准确提取样品，符合要求	6～10		
		提取样品基本符合要求	4～5		
		提取样品不符合要求	0～3		

续表

<table>
<tr><th>序号</th><th>评价要素</th><th>考核内容和标准</th><th>标准分值</th><th>自我评价</th><th>师傅评价</th></tr>
<tr><td rowspan="3">3</td><td rowspan="3">制备凝胶
（40 分）</td><td>凝胶制备成功，样品梳拔取过程中对胶片没有损伤，操作熟练</td><td>21～40</td><td></td><td></td></tr>
<tr><td>凝胶制备成功，样品梳拔取过程中对胶片有损伤，操作基本熟练</td><td>4～20</td><td></td><td></td></tr>
<tr><td>凝胶制备不成功，操作不熟练</td><td>0～3</td><td></td><td></td></tr>
<tr><td rowspan="3">4</td><td rowspan="3">点样、电泳、结果观察
（20 分）</td><td>熟练操作，正确统计结果</td><td>11～20</td><td></td><td></td></tr>
<tr><td>操作基本熟练，结果基本正确</td><td>6～10</td><td></td><td></td></tr>
<tr><td>操作不熟练，结果不正确</td><td>0～5</td><td></td><td></td></tr>
<tr><td rowspan="3">5</td><td rowspan="3">团队协作
（10 分）</td><td>协作能力强，分工合理，具备较强的职业责任心、团队协作能力</td><td>10</td><td></td><td></td></tr>
<tr><td>协作能力一般，分工较合理，具备一定的职业责任心、团队协作能力</td><td>5</td><td></td><td></td></tr>
<tr><td>缺少协作分工意识、职业责任心、团队协作能力</td><td>0～4</td><td></td><td></td></tr>
<tr><td>合计</td><td>100 分</td><td></td><td></td><td></td><td></td></tr>
</table>

2. 真实性及品种纯度鉴定原始记录表

<table>
<tr><td>检验编号</td><td></td><td colspan="2">作物名称</td><td colspan="2"></td><td colspan="2">品种（组合）名称</td><td colspan="2"></td></tr>
<tr><td>检验方法</td><td colspan="9"></td></tr>
<tr><td>项目重复</td><td>供检株（粒）数</td><td colspan="2">本品种株（粒）数</td><td colspan="4">异品种株（粒）数</td><td>品种纯度 /%</td><td>平均值 /%</td></tr>
<tr><td></td><td></td><td></td><td></td><td></td><td></td><td></td><td></td><td></td><td></td></tr>
<tr><td></td><td></td><td></td><td></td><td></td><td></td><td></td><td></td><td></td><td></td></tr>
<tr><td></td><td></td><td></td><td></td><td></td><td></td><td></td><td></td><td></td><td></td></tr>
<tr><td></td><td></td><td></td><td></td><td></td><td></td><td></td><td></td><td></td><td></td></tr>
<tr><td></td><td></td><td></td><td></td><td></td><td></td><td></td><td></td><td></td><td></td></tr>
<tr><td></td><td></td><td></td><td></td><td></td><td></td><td></td><td></td><td></td><td></td></tr>
<tr><td>电泳测定值</td><td></td><td>计算公式</td><td colspan="3">$y=52.9+0.461x$</td><td>备　注</td><td colspan="3"></td></tr>
</table>

审核人：　　　　　　　　　　校核人：　　　　　　　　　　检验员：

3. 学徒关键职业能力及职业品质、工匠精神评价

项目	A	B	C	D
工作态度				
吃苦耐劳				
团队协作				
沟通交流				
科学严谨				
认真负责				
诚实守信				

4. 真实性及品种纯度鉴定检验项目总体评价

师傅指导记录	总体评价	评价成绩
		年 月 日

任务6 种子活力测定

【专业知识准备】

一、种子活力的概念

种子活力是指决定种子和种子批在发芽和出苗期间活性强度及该种子特征的综合表现，是在田间条件下影响种子快速整齐出苗及长成正常幼苗的全部潜在能力特性的总称。

二、种子活力测定的目的

种子活力测定的目的是提供有关高发芽率种子批的田间出苗和（或）贮藏能力的潜在的信息，而这种差异往往不是标准发芽试验所能证实的。

三、种子活力测定仪器

培养箱、天平、玻璃培养皿、发芽纸或滤纸、烧杯、镊子、尺子等。

【任务实施】

在师傅指导带领下，首先，在种子活力测定开始前做好一切准备工作，仪器使用前要对仪器状态进行查看，并做好记录；对检验室温度、湿度、电源、供水和排水进行有效的控制，并做好记录；其次，进行不同作物种子活力测定的规范操作，记录种子活力测定结果。

【任务目标与质量要求】

按照《农作物种子检验规程》进行作物种子活力测定操作，记录种子活力测定结果。

【学习产出目标】

1. 掌握种子活力的相关概念。
2. 制订种子活力测定方案。
3. 记录种子活力测定结果。

【工作程序与方法要求】

种子活力测定方法归纳起来有直接法和间接法。直接法是模拟田间不良条件，观察种子出苗能力或幼苗生长速度和健壮度。间接法是测定某些与种子活力有关的生理生化指标。归纳起来有幼苗生长测定、幼苗评定测定、发芽速度测定、低温试验、低温发芽试验、希尔特纳试验、加速老化试验、人工变质试验、电导率测定、图形的四唑测定、糊粉层四唑测定。现主要介绍发芽速度测定法，这是一种最古老和最简单的方法，适用于各类作物的活力测定。其方法是采用标准发芽试验，每日记录正常发芽种子数（牧草、树木等种子发芽缓慢，可隔日或隔数日记录），然后按公式计算各种与发芽速度有关的指标。

工作环节	工作程序
数取试样	从不同活力种子样品中取样，各数取大麦或小麦种子 100 粒，4 次重复。
制备发芽床	根据标准发芽试验选取发芽床。
种子培养	将种子置于发芽床，20℃培养。

结果计算与填报	第 2 天起每天记录发芽数，并测定幼苗长度或干重，至第 8 天结束。依据以下公式计算活力指数。 (1) 初期发芽率测定：小麦、大豆、玉米计算 3 d 发芽率。也可用发芽势或初次发芽率计算。 (2) 记录发芽达 90%所需日数或达 50%所需日数，后者适用于发芽率较低的种子。 (3) 发芽指数测定：发芽指数 $(GI) = \sum \frac{Gt}{Dt}$ 式中：Gt 为在不同时间的发芽数；Dt 为相应的发芽日数。 (4) 活力指数测定：活力指数 $(VI) = GI \times S$ 式中：S 为一定时期内幼苗长度（cm）或幼苗质量（g），GI 为发芽指数。 (5) 简易活力指数测定：适用于发芽快速的作物种子，如油菜、黄麻等。 简易活力指数 $= G \times S$ 式中：G 为发芽率，S 为幼苗长度（cm）或质量（g） (6) 平均发芽天数（MGT）测定： $平均发芽天数 = \frac{\sum (Gt \times Dt)}{G}$ 平均发芽天数常用来表示发芽速率，平均发芽天数越少，发芽速度越快。

发芽速度的测定采用标准发芽试验，必须严格控制发芽温度、湿度和光照条件，否则容易产生误差，同时测定人员必须具有评定幼苗的经验才能获得准确结果。

种子活力测定常用的方法还有：伸长胚根计数测定，具体操作过程见附录 6；冷冻法测定玉米种子活力技术，具体操作过程见附录 7。

【工作任务实施记录与评价】

1. 种子活力测定任务考核与评价方法

序号	评价要素	考核内容和标准	标准分值	自我评价	师傅评价
1	取样（15 分）	取样操作规范、熟练	9～15		
		取样操作基本规范	6～8		
		取样操作不规范	0～5		
2	制备发芽床（25 分）	操作熟练，规范，符合要求	16～25		
		操作基本规范、符合要求	6～15		
		操作不正确、不符合要求	0～5		
3	培养、管理、记录（35 分）	能够正确设定不同种子的培养条件，按时管理、准确记录、计算正确	21～35		
		不同种子的培养条件设定基本正确，基本按时管理、记录基本准确、计算基本正确	9～20		
		不同种子的培养条件设定不正确，没有进行管理，记录、计算不准确	0～8		

续表

序号	评价要素	考核内容和标准	标准分值	自我评价	师傅评价
4	结果计算（15 分）	写出计算公式且结果正确	9～15		
		写出计算公式，结果不正确	4～8		
		写不出计算公式，结果不正确	0～3		
5	团队协作（10 分）	协作能力强，分工合理，具备较强的职业责任心和团队协作能力	10		
		协作能力一般，分工较合理，具备一定的职业责任心和团队协作能力	5		
		缺少协作分工意识、职业责任心和团队协作能力	0～4		

2. 学徒关键职业能力及职业品质、工匠精神评价

项目	A	B	C	D
工作态度				
吃苦耐劳				
团队协作				
沟通交流				
科学严谨				
认真负责				
诚实守信				

3. 种子活力测定检验项目总体评价

师傅指导记录	总体评价	评价成绩
		年　月　日

任务7　种子生活力测定

【专业知识准备】

一、种子生活力定义

种子生活力是指种子发芽的潜在能力或种胚具有的生命力，也指一批种子中具有生命力的（即活的）种子数占种子总数的百分率。

二、种子生活力测定的目的及意义

1. 可以测定休眠种子的生活力

新收获的或在低温贮藏下处于休眠状态的种子，采用标准发芽试验时，即使供给适宜的发芽条件仍不能良好发芽或发芽力很低，在这种情况下，仅用发芽试验测定其发芽率，就不可能测出种子的最高发芽率，而必须进一步测定其生活力，以了解种子潜在发芽能力，合理利用种子。对发芽率低而生活力高的种子，应进行适当处理后再播种。对那些发芽率低，生活力也低的种子，就不能作为种用。实际上，如果发芽试验末期发现有新鲜不发芽的种子或硬实种子，就应直接进行生活力测定，将种子进行适当的破除休眠处理，然后做发芽试验。

2. 快速预测种子发芽能力

休眠种子可借助于各种预处理打破休眠，进行发芽试验，但时间较长；而种子贸易中，常因时间紧迫，不可能采用正规的发芽试验来测定发芽力，这是因为发芽试验所需的时间更长。如麦类需 7～8 d，水稻需 14 d，某些蔬菜和牧草种子需 2～3 周，尤其在收获和播种间隔时间短的情况下，发芽试验会耽误农时，这时，可用生物化学速测法测定种子生活力作为参考，而林木种子可用生活力来代替发芽力。

种子生活力测定方法有四唑染色法、亚甲蓝法、溴麝香草酚蓝法、红墨水染色法、软 X 射线造影法等。但正式列入国际种子检验规程和我国农作物种子检验规程的种子生活力测定方法是生物化学（四唑）染色法，所以，本主节要介绍种子生活力的生物化学测定。

三、试验仪器设备

种子生活力的生物化学（四唑）测定所需的仪器有：

（1）控温设备　电热恒温箱或发芽箱、冰箱。

（2）观察器具　体视显微镜或手持放大镜、光线充足柔和的灯。

（3）容器　棕色定量加液器、不同规格的染色盘。

（4）切刺工具　单面刀片、矛状解剖针、小针等。

（5）预湿物品　滤纸、吸水纸和毛巾等。

（6）其他　镊子、吸管、天平（天平感量为0.001 g）等。

四、四唑染色法测定原理

在四唑染色法测定中，种子活细胞里发生的还原过程是通过指示剂的还原作用而显现出来的。所用的指示剂，是一种可被种子组织吸收的四唑盐类的无色溶液，它在种子组织里参与活细胞的还原过程，从脱氢酶接受氢离子，使氯化三苯基四氮唑经过氢化作用在活细胞里产生红色、稳定、不扩散的三苯基甲酯。

由于种子的死活和其某些组织内脱氢酶的有无、多少有着密切的关系，所以当四唑溶液进入种子时，有生命的组织因含有脱氢酶，而放出氢离子，使四唑还原成红色的三苯基甲酯，故有生命的组织便呈红色。但脱氢酶的存在是随着生命活动的减弱和死亡而逐渐消失的，因此，凡丧失生命的组织就因没有脱氢酶而不能着色。利用这一原理，按种子染色的部位和染色程度，就可判断其内部有关组织的死活，以确定种子的生活力。

生活力测定图谱可扫描封底二维码查看。

【任务实施】

在师傅指导带领下，首先，在种子生活力的四唑测定开始前做好一切准备工作，仪器使用前要对仪器状态进行查看，并做好记录；对检验室温度、湿度、电源、供水和排水进行有效的控制，并做好记录；其次，进行不同大小作物种子四唑染色（TTC）法种子生活力测定的规范操作，完成种子生活力测定原始记录表、完成容许差距核查及结果填写。

【任务目标与质量要求】

按照《农作物种子检验规程》进行不同大小作物种子生活力的四唑染色测定操作，完成种子生活力测定结果原始记录表的填写。

【学习产出目标】

1. 掌握种子生活力的四唑测定的相关概念，熟知不同大小作物种子生活力的四唑测定的原理、准确判断样品种子生活力的有无。

2. 制订种子生活力的四唑染色测定方案。

3. 填写原始记录表。

【工作程序与方法要求】

工作过程	工作内容
试剂仪器准备	1. 磷酸缓冲液 溶液Ⅰ：称取 9.078 g 磷酸二氢钾(KH_2PO_4)溶解于 1 000 mL 蒸馏水中。 溶液Ⅱ：称取 9.472 g 磷酸氢二钠(Na_2HPO_4)或 11.876 g 磷酸氢二钠($Na_2HPO_4 \cdot 2H_2O$)溶解于 1 000 mL 的蒸馏水中。 取溶液Ⅰ2 份和溶液Ⅱ3 份混合即成磷酸缓冲液。 2. 四唑染色液 称取 1 g 四唑粉剂溶解于 100 mL 磷酸缓冲液中，即配成 1.0%浓度的溶液；或者称取 0.1 g 四唑粉剂溶解于 100 mL 磷酸缓冲液中，即配成 0.1%的四唑溶液。为了保证四唑染色的效果，要求四唑溶液的 pH 必须在 6.5～7.5，可用氢氧化钠或碳酸氢钠的稀溶液加以调节。配制好的四唑溶液应保存在棕色瓶里，存放在冰箱里。
数取试验样品	每次至少测定 200 粒种子。从经净度分析后并充分混合的净种子中，随机数取每份 100 粒或少于 100 粒的若干重复。如是测定发芽末期休眠种子的生活力，则单用试验末期的休眠种子。
预措预湿种子	预措是指有些种子在预湿前需先除去种子的外部附属物(包括剥去果壳)和在种子非要害部位弄破种皮，如水稻种子脱去内外稃、刺破硬实等。 根据种的不同，预湿的方法有所不同。一种是缓慢润湿，即将种子放在纸上或纸间吸湿，它适用于直接浸在水中容易破裂的种子(如豆科大粒种子)，以及许多陈种子和过分干燥的种子；另一种是水中浸渍，即将种子完全浸在水中，让其充分吸胀，它适用于直接浸入水中而不会造成组织破裂损伤的种子。不同种类种子的具体预湿温度和时间可参见表 3-27。
染色前处理	使胚的主要构造和活的营养组织暴露出来，准备方法因种子构造和胚的位置不同而异(表 3-27)。
染　色	将已准备好的种子样品放入染色盘中，加入适宜浓度的四唑溶液以完全淹没种子，移置一定温度的黑暗控温设备内或弱光下进行染色反应。所用染色时间因四唑溶液浓度、温度、种子种类、样品准备方法等因素的不同而有差异。一般来说，四唑溶液浓度高，染色快；温度高，染色时间短，但最高不超过 45℃。到达规定时间或染色已很明显时，倒去四唑溶液，用清水冲洗。
鉴定前处理	为便于观察鉴定和计数，将已染色的种子样品加以适当处理使胚主要构造和活的营养组织暴露出来，如一些豆类沿胚中轴纵切、瓜类剥去种皮和内膜等。
观察鉴定	大、中粒种子可直接用肉眼或手持放大镜进行观察鉴定，对小粒种子最好用 10～100 倍体视显微镜进行观察。 在观察鉴定时，确定种子是否具有生活力，必须根据胚的主要构造和有关活营养组织的染色情况进行正确的判断。一般的鉴定原则是：凡胚的主要构造或有关活营养组织(如葱属、伞形科和茄科等种子的胚乳)全部染成有光泽的鲜红色或染色最大面积大于表 3-27 规定，且组织状态正常的为正常有生活力的种子，否则为无生活力的种子。 依据鉴定标准，将各部分种子分开并计数。
结果表示与报告	计算各重复中有生活力的种子数，重复间最大容许差距不得超过表 3-28 的规定，如超过应重做。结果修约到最近似的整数。将结果填报在种子生活力的四唑测定原始记录表中。

表 3-27　农作物种子四唑染色技术规定

种(变种)名	预湿方式和时间	染色前的准备	溶液浓度/%	35℃染色时间/h	鉴定前的处理	有生活力种子允许不染色、较弱或坏死的最大面积	备注
小麦、大麦、黑麦	纸间或水中，30℃恒温水浸种3～4 h或纸间12 h	a.纵切胚和3/4胚乳；b.分离带质片的胚	0.1	0.5～1	a.观察切面；b.观察胚和盾片	a.盾片上下任一端1/3不染色；b.胚根大部分不染色，但不定根原始体必须染色	盾片中央有不染色组织，表明受到热损伤
普通燕麦、裸燕麦	纸间或水中，30℃恒温水浸种3～4 h或纸间12 h	a.除去稃壳，纵切胚和3/4胚乳；b.在胚部附近横切	0.1	0.5～1			
玉米	纸间或水中，30℃恒温水浸种3～4 h或纸间12 h	a.除去稃壳，纵切胚和3/4胚乳；b.在胚部附近横切	0.1	0.5～1	a.观察切面；b.沿胚纵切	a.盾片上下任一端1/3不染色；b.胚根大部分不染色，但不定根原始体必须染色	盾片中央有不染色组织，表明受到热损伤
黍粟	纸间或水中，30℃恒温水浸种3～4 h或纸间12 h	纵切胚和大部分胚乳	0.1	0.5～1	切开或撕开，使胚露出	胚根；盾片上下任一端1/3不染色	盾片中央有不染色组织，表明受到热损伤
高粱	纸间或水中，30℃恒温水浸种3～4 h或纸间12 h	纵切胚和大部分胚乳	0.1	0.5～1	观察切面	a.胚根顶端2/3不染色；b.盾片上下任一端1/3不染色	
水稻	纸间或水中12 h	纵切胚和3/4胚乳	0.1	0.5～1	观察切面	胚根顶端2/3不染色	必要时可除去内外稃
棉花	纸间12 h	a.纵切1/2种子；b.切去部分种皮；c.去掉胚乳	0.5	2～3	纵切	a.胚根顶端1/3不染色；b.子叶表面有小范围的坏死或子叶顶端1/3不染色	有硬实应划破种皮
甜荞、苦荞	纸间6～8 h	无须准备	1.0	3～4	切开或除去种皮，掰开子叶，露出胚芽	a.胚根顶端1/3不染色；b.子叶表面有小范围的坏死	

续表3-27

种（变种）名	预湿方式和时间	染色前的准备	溶液浓度/%	35℃染色时间/h	鉴定前的处理	有生活力种子允许不染色、较弱或坏死的最大面积	备注
菜豆、豌豆、绿豆、花生、大豆、豇豆、扁豆、蚕豆	纸间6～8 h	无须准备	1.0	3～4	切开或除去种皮，掰开子叶，露出胚芽	a.胚根顶端不染色，花生为1/3，蚕豆为2/3，其他种为1/2；b.子叶顶端不杂花，花生为1/4，蚕豆为1/3，其他为1/2；c.除蚕豆外，胚芽顶部不染色1/4	
南瓜、丝瓜、黄瓜、西瓜、冬瓜、苦瓜、甜瓜、瓠瓜	纸间或水中，在20～30℃水中浸6～8 h或纸间24 h	a.纵切1/2种子；b.剥去种皮；c.西瓜用干燥布或纸揩擦，除去表面黏液	1.0	2～3 h，但甜瓜1～2 h	除去种皮和内膜	a.胚根顶端不染色1/2；b.子叶顶端不染色1/2	
白菜型油菜、不结球白菜、结球菜、甘蓝型油菜甘蓝、花椰菜、萝卜芥菜	纸间或水中，30℃温水中浸种4 h或纸间5～6 h	a.剥去种皮；b.切去部分种皮。	1.0	2～4	a.纵切种子使胚中轴露出；b.切运河部分种皮使胚中轴露出	a.胚根顶端1/3不染色；b.子叶顶端有部分坏死	
葱属（洋葱、韭菜、葱、韭葱、细香葱）	纸间12 h	a.沿扁平面纵切，但不完全切开，基部相连；b.切去子叶两端，但不损伤胚根及子叶	0.2	0.5～1.5	a.打开切口，露出胚；b.切去一薄层胚乳，使胚露出	a.种胚和胚乳完全染色；b.不与胚相连的胚乳有少量不染色	
辣椒、甜椒、茄子、番茄	纸间或水中20～30℃水中3～4 h，或纸间12 h	a.在种子中心刺破种皮和胚乳；b.切去种子末端，包括一小部分子叶	0.2	0.5～1.5	a.撕开胚乳，使胚露出；b.纵切种子使胚露出	胚和胚乳全部染色	
芫菜、芹菜、胡萝卜、茴香	水中20～30℃水中3 h	a.纵切种子一半，并撕开胚乳，使胚露出；b.切去种子末端1/4或1/3	0.1～0.5	6～24	a.进一步撕开切口，使胚露出；b.纵切种子露出胚和胚乳	胚和胚乳全部染色	
苜蓿属、草木樨属、紫云英	水中22 h	无须准备	0.5～1.0	6～24	除去种皮使胚露出	a.胚根顶端1/3不染色；b.子叶顶端1/3，如在表面可1/2不染色	

续表3-27

种(变种)名	预湿方式和时间	染色前的准备	溶液浓度/%	35℃染色时间/h	鉴定前的处理	有生活力种子允许不染色、较弱或坏死的最大面积	备注
莴苣、茼蒿	在30℃水中浸2～4 h	a. 纵切种子上半部(非胚根端);b. 切去种子末端包括一部分子叶	0.2	2～3	a. 切去种皮子叶使胚露出;b. 切开种子末端轻轻挤压,使胚露出	a. 胚根顶端1/3不染色;b. 子叶顶端1/3表面不染色,或1/3弥漫不染色	
向日葵	水中3～4 h	纵切种子上半部或除去果壳	1.0	3～4	除去果壳	a. 胚根顶端1/3不染色;b. 子叶顶端表面1/2不染色	
甜菜	水中18 h	a. 除去盖着种胚的帽状物;b. 沿胚与胚乳之界线切开	0.1～0.5	扯开切口,使胚露出			
菠菜	水中3～4 h	a. 在胚与胚乳之边界刺破种皮;b. 在胚根与子叶之间横切	0.5～1.5	a. 纵切种子,使胚露出;b. 掰开切口,使胚露出			

表 3-28 生活力测定重复间的最大容许差距 %

平均生活力		重复间的最大容许差距		
50%以上	50%以下	4次重复	3次重复	2次重复
99	2	5	—	—
98	3	6	5	—
97	4	7	6	6
96	5	8	7	6
95	6	9	8	7
93～94	7～8	10	9	8
91～92	9～10	11	10	9
90	11	12	11	9
89	12	12	11	10
88	13	13	12	10
87	14	13	12	11
84～86	15～17	14	13	11
81～83	18～20	15	14	12
78～80	21～23	16	15	13

续表3-28

平均生活力		重复间的最大容许差距		
50%以上	50%以下	4 次重复	3 次重复	2 次重复
76～77	24～25	17	16	13
73～75	26～28	17	16	14
71～72	29～30	18	16	14
69～70	31～32	18	17	14
67～68	33～34	18	17	15
64～66	35～37	19	17	15
56～63	38～45	19	18	15
55	46	20	18	15
51～54	47～50	20	18	16

【工作任务实施记录与评价】

1. 种子生活力的四唑测定任务考核与评价方法

序号	评价要素	考核内容和标准	标准分值	自我评价	师傅评价
1	样品切取（30 分）	切口平滑，切位正确，操作熟练	16～30		
		切口较平滑，切位基本正确	6～15		
		切口不平滑，切位不正确	0～5		
2	样品染色（15 分）	操作熟练、规范	9～15		
		染色操作较熟练、基本规范	3～8		
		染色操作不规范	0～2		
3	观察鉴定（30 分）	种胚着色与否分辨清楚	16～30		
		种胚着色与否分辨基本清楚	7～15		
		种胚着色与否分辨不清楚	0～6		
4	统计、计算（15 分）	写出计算公式且结果正确	9～15		
		写出计算公式，结果不正确	4～8		
		写不出计算公式，结果不正确	0～3		
5	团队协作（10 分）	协作能力强，分工合理，具备较强的职业责任心、团队协作能力	10		
		协作能力一般，分工较合理，具备一定的职业责任心、团队协作能力	5		
		缺少协作分工意识、职业责任心、团队协作能力	0～4		

2. 种子生活力的四唑测定原始记录表

样品登记号		作物名称		品种(组合)名称	
预处理方法		试剂浓度		处理时间	
处理温度		容许误差		实际误差	
重复	Ⅰ	Ⅱ	Ⅲ	Ⅳ	平均值
检测粒数					
有生活力种子数					
无生活力种子数					
硬实粒数					
检测依据					

说明:检测豆类、棉籽和蕹菜类等需填写硬实粒数一栏,并将其结果记入有生活力种子数中。

检验员:　　日期:　　校核人:　　日期:　　审核人:　　日期:

3. 学徒关键职业能力及职业品质、工匠精神评价

项目	A	B	C	D
工作态度				
吃苦耐劳				
团队协作				
沟通交流				
科学严谨				
认真负责				
诚实守信				

4. 种子生活力的四唑测定检验项目总体评价

师傅指导记录	总体评价	评价成绩
		年　月　日

任务 8　种子健康测定

【专业知识准备】

一、种子健康测定

（一）种子健康测定的目的和重要性

种子健康测定主要是测定种子是否携带病原菌（如真菌、细菌及病毒）、有害的动物（如线虫）等健康状况。

种子健康测定的目的和重要性：

(1) 种子携带的接种体可引起田间病害并逐步蔓延，以致降低作物产量和商品价值。

(2) 防止种子的流通（包括进口种子批）将病虫害带入新区，为国内外种子贸易提供可靠的保证。在我国，从国外引入带菌种子把新的病害传入的实例也有发生。甘薯黑斑病发生于美国，后传到日本，1937 年从日本传入我国辽宁省，现在全国各地均有发生。棉花黄萎病及枯萎病是由美国传入我国的，后在国内广泛传播。

(3) 了解幼苗的价值，以及查明室内发芽不良或田间出苗差的原因，从而弥补发芽试验的不足。

(4) 保证种子的安全贮藏。

目前，随着国内外种子贸易的增加，种子携带病虫传播和蔓延的机会也随之增多，种子携带的病虫害传入新区，就会给农业生产造成重大的损失，因此种子健康测定日益受到重视。当今世界上许多国家的种子检验室开展和发展种子健康测定，以满足各国种子贸易的需要，保护农业生产和产品质量，防止人畜中毒。

（二）种子健康测定方法的特点

种子健康检验如同种子纯度鉴定一样，分为田间检验和室内检验。种子健康的室内检验方法主要有未经培养检验和培养后检验。未经培养检验包括直接检验、吸胀种子检验、洗涤检验、剖粒检验、染色检验、比重检验和 X 射线检验等；培养后检验包括吸水纸法、砂床法、琼脂皿法等。

田间检验中，病虫表现明显，容易进行检查。有些病害能在田间观察清楚，而有些病原菌需要室内检验。如大麦、小麦的散黑穗病在田间检测很容易，在室内检测则很困难或者费用较高；一些病毒病，在种子外表无明显症状，又较难以分离培养的方式来诊断，而田间检验就比较容易确定病原。印度腥黑穗病很难在田间检出，但在试验室检测时，即使孢子浓度很低也能检测。

以调查、做出种子处理决定或进行田间评定等为目的时，只需评定种传病菌感染率。而出于检疫目的或控制田间高发病率的种传病时，对种子样品的检测精度则要求很高。由于病害感染水平与田间发病程度之间没有直接的联系，在许多检测方法中，一般不记录每粒种子的病原数量。

种子健康测定的方法：一般要求该方法使病原体易于识别、结果有重现性、样品间结果有可比性和简单快速等特点。

但在实际检测过程中，检测结果经常会受到一些因素的影响：

（1）其他病原菌可能对被测病原菌的检测结果产生干扰；

（2）室内检验结果通常高于田间或温室的检测结果；

（3）有些病原菌对培养条件敏感；

（4）种传病原菌生活力随着长时间的贮藏而衰退。

（三）种子健康的标准与处理

种子的健康标准是健康检验结果的评定依据。许多国家根据各自的国情，制定了各级种子的田间健康标准和室内检验健康标准。种子经过健康检验后，了解了病原菌的感染情况和程度，则可以有针对性地采取措施对种子进行处理，这样可以大大减轻种传病害的发生，同时还可以减少农药的使用。

二、仪器设备

种子健康测定所需的仪器设备因测定方法不同而异。最基本的仪器有：双目显微镜（最好是相差显微镜）、立体显微镜（放大 60 倍，最好带有灯）、培养箱（最好配置两根近紫外灯管）、冷冻冰箱、冰箱、高压蒸汽灭菌锅、玻璃器皿（培养皿、烧杯、烧瓶、载玻片、盖玻片、漏斗等）、离心机、摇床、pH 计等。

【任务实施】

在师傅指导带领下，首先，在种子健康测定开始前做好一切准备工作，仪器使用前要对仪器状态进行查看，并做好记录；对检验室温度、湿度、电源、供水和排水进行有效的控制，并做好记录；其次，进行不同作物种子健康测定的规范操作，完成种子健康测定原始记录表的填写。

【任务目标与质量要求】

按照《农作物种子检验规程》进行作物种子健康测定操作，完成种子健康测定结果填写。

【学习产出目标】

1. 掌握种子健康测定的相关概念，了解种子健康测定的目的，知道在农业生产中的重要性和种子健康测定的方法。

2. 制订种子健康测定方案。

3. 完成种子健康测定原始记录表。

【工作程序与方法要求】

一、真菌测定方法

（一）吸水纸法

吸水纸法适用于许多类型种子的种传真菌病害的检验，尤其是对于许多半知菌，有利于分生孢子的形成和致病真菌在幼苗上的症状的发展。测定程序为：

（1）培养皿中放三层吸水纸，无菌蒸馏水湿润，沥去多余水分。

（2）种子均匀的播在纸上，盖好培养皿。

（3）在20℃条件下培养，种子吸胀1 d。

（4）在－20℃下冷冻过夜，杀死种子。

（5）培养皿放在距光源40 cm处，在18～20℃，每天12 h黑暗与12 h近紫外光交替处理下培养5～7 d。

（6）立体显微镜下观察，观察时用冷光，以防止孢子结构脱水。

（二）琼脂皿法

主要用于检验发育较慢的致病真菌和潜伏在种子内部的病原菌。测定程序为：

（1）将试验样品用1%～2%的次氯酸钠溶液消毒5 min后沥干。

（2）已经灭菌的琼脂倒入9 cm培养皿中，凝固冷却后，预处理过的种子间隔排列在琼脂表面，在20℃黑暗条件下培养7 d以上。

（3）用肉眼检查每粒种子表面长成的典型菌落，将存疑的菌落所在的琼脂块切出，用吸水纸法在20℃下进行培养，诱导孢子发育后在显微镜下进行观察鉴定。

（三）发芽法

通过发芽法可以比较未处理种子病原体的作用和影响，测定程序为：

（1）取一张纸巾，折叠，底部皱褶宽1 cm，在无菌蒸馏水中浸湿，将种子播在纸巾上。

（2）将另一张浸湿的纸巾盖在种子上，与播有种子的纸巾皱褶吻合，用橡皮筋捆好放在器皿中在20℃条件下培养。

（3）观察感病幼苗异常情况，如根部部分变褐。

（4）与琼脂皿培养的鉴定结果比较。

二、细菌测定方法

1. 生长植株鉴定

最简单的方法是种植有种传细菌的种子，鉴定幼苗的症状。

2. 检验室方法

检验室测定细菌的程序如下。

病原体提取	提取方法主要有浸泡种子和磨碎或破碎种子并在液体中浸湿两种。种子数量和提取方法根据具体情况确定。
⇩	
分离	通过琼脂皿将病原细菌从提取后的溶液中分离出来,将提取液原液或稀释液涂在琼脂皿上,可分生出单个或多个菌落。
⇩	
细菌鉴定	细菌检测方法有:生物化学检测法、血清检测法、菌体检测法、致病体检测法、核酸杂交探针法。

三、病毒测定方法

种传病毒检测与细菌检测一样，多采用田间种植鉴定和室内检测。田间种植鉴定是将样品种子播种后，观察幼苗的症状，也可将种子或幼苗中的提取液接种至“指示植物”上，这样更易观察和鉴定幼苗症状。在试验室中，由于种传病毒检测目前还存在着病毒不易被分离出纯系的问题，而细菌与真菌的检测方法不适用于病毒检测，检测种传病毒的难度很大。随着分子生物学技术的发展，通过序列分析使检测任意病原菌成为可能，PCR 分子检测技术有望成为未来快速而准确的种传病毒检测方法。目前，检验室内已能够检测许多重要的种传病害。病毒测定的常用方法有：酶联免疫吸附法、免疫吸附电镜技术、多克隆抗体或非常专一的单克隆抗体技术。

四、测定结果表示与报告

将结果填报在种子检验报告“其他项目测定”栏内，需写明病原菌的拉丁学名。填报结果必须同时说明所用的测定力法，包括所用的预措方法和用于检验的样品或部分样品的数量。

五、主要病害的特定检测方法

ISTA 制定了许多具体种传病害测定的工作卡。其中方法非常详细，而且有各种方法的评述以及详细的参考资料。而所介绍的方法，除检查大麦黑穗病外，是为未经过种子处理的样品设置的，一般不宜用于已经处理过的种子。如其他规定，可用次氯酸钠进行预措，即将种子浸在含有 1%有效氯的次氯酸钠溶液中 10 min，然后沥去多余的液体。吸水纸和琼脂培养基建议用蒸馏水或去离子水湿润。当播种密度指定用每培养皿的一定种籽粒数时，则采用直径为 9 cm 的培养皿。当培养的种子经过多次检查，则仅需填报总的感染百分率。

1. 向日葵种子灰葡萄孢

试验程序：取样 400 粒种子→在培养皿中垫两层滤纸→加入 5 mL 3%的麦芽提取

物→沥去多余液体→每个培养皿播 5 粒种子→在 20℃黑暗中培养 9 d。

检查：第 5 天、第 7 天和第 9 天用肉眼检查每粒种子。记录种根软腐、布满灰色菌丝体的感染种子。如怀疑，可放大 200 倍，根据菌丝有隔、呈带状，分生孢子梗有分枝、簇生状来确定。

2. 大麦散黑穗病

试验程序：两次重复，每重复取样 2 000～4 000 粒种子→放入 1 L 新配制的 5% NaOH 水溶液中→在 20℃下保持 24 h→将整个样移到合适的容器中，放在温水中洗涤→使胚从软化的果皮中分离出来→将胚收集在 1 mm 网孔的筛子里→再用网孔较大的筛子收集胚乳和稃壳→将胚放入乳酸苯酚（甘油、苯酚和乳酸各 1/3）和水的等量混合液中，使胚和稃壳能进一步分离→将胚移至盛有 75 mL 清水的烧杯中→在通风柜中，保持在沸点大约 30 s→除去乳酸苯酚，将胚洗净→然后将胚移到新配制的微温油中进行检查。

检查：放在 16～25 倍放大镜下，配置适当的台下灯光，检查大麦散黑穗病所特有的金褐色菌丝体，每个重复检查 1 000 个胚。

3. 小麦颖枯病菌

试验程序：取样 400 粒种子→次氯酸钠处理→移至含 100 mg/kg 硫酸链霉素的麦芽或马铃薯果糖琼脂培养基上→每培养皿内琼脂表面播 10 粒种子→20℃黑暗条件下培养 7 d。

检查：培养 7 d 后，肉眼检查每粒种子上缓慢长成圆形菌落的情况。该病菌菌丝体为白色或乳白色，通常稠密地覆盖着被感染的种子。菌落背面呈黄色或褐色，并随其生长而颜色变深。

【工作任务实施记录与评价】

1. 种子健康测定任务考核与评价方法

序号	评价要素	考核内容和标准	标准分值	自我评价	师傅评价
1	取样（40 分）	取样操作规范、熟练	30～40		
		取样操作基本规范	20～29		
		取样操作不规范	0～19		
2	观察鉴定（40 分）	准确识别病原菌及虫害	30～40		
		只能识别部分病原菌及虫害	20～29		
		不能准确判断病原菌及虫害	0～19		
3	统计、计算（20 分）	写出计算公式且结果正确	15～20		
		写出计算公式，结果不正确	10～14		
		写不出计算公式，结果不正确	0～9		
合计	100 分				

2. 种子健康检验原始记录表

检验编号		作物名称		品种（组合）	
检验依据		供检样品质量或粒数			
检测方法		预措方法			
测定记录：					
检验结果	1. 带虫（菌）量（个/百粒或个/g）__________； 2. 病菌生活力（有或无）__________； 3. 有害生物学名：__________。				
备注					

审核人：　　　　校核人：　　　　检验员：　　　　日　期：

3. 学徒关键职业能力及职业品质、工匠精神评价

项目	A	B	C	D
工作态度				
吃苦耐劳				
团队协作				
沟通交流				
科学严谨				
认真负责				
诚实守信				

4. 种子健康测定检验项目总体评价

师傅指导记录	总体评价	评价成绩
		年　月　日

项目三
种子田间检验

任务1　种子田间检验

【专业知识准备】

一、田间检验的概念、目的和作用

（一）田间检验的相关概念

1. 田间检验

在种子生产过程中，在田间对品种真实性进行验证，对品种纯度进行评估，同时对作物的生长状况、异作物、杂草等进行调查，并确定其与特定要求符合性的活动。

2. 品种

形态特征和生物学遗传、生理、细胞、化学、对环境要求等基本一致的栽培植株群体，经过繁殖（有性或无性的）后仍保持其特征、特性，并有一个公认的名称。

3. 变异株

指一个或多个性状（特征特性）与原品种育种者所描述的明显不同的植株。

4. 杂株

品种纯度鉴定时在本品种内异品种和其他变异植株，杂交作物中包括自交株。

5. 生物学混杂

在种子生产过程中未将不同品种适当隔离而发生了天然杂交，降低了品种的一致性和典型性。

6. 品种真实性

田间检验中所述的品种真实性是指供检验的品种与文件记录（如标签、品种描述等）是否相符。

7. 品种纯度

品种在特征特性方面典型一致的程度。值得注意的是，田间检验所述的品种真实性和品种纯度的检查，实质上是一种过程控制，不是严格意义上的产品检验，对于生产杂交种的种子田而言，尤为如此。

8. 杂草

在种子收获过程中难以分离的或有害的检疫性植物，例如，小麦种子田中的燕麦草、偃麦草、毒麦、黑麦状雀麦；杂交高粱种子田中的石茅。

9. 异作物

不同于本作物的其他作物，如小麦种子田中的大麦、玉米种子田中的高粱、大豆种子田中的绿豆等。

10. 品种的特征特性

指品种的植物学形态特征和生物学特性。品种特征是指某一作物品种在形态性状上区别于其他品种的象征、标识，如植株的高矮、叶色、叶形、花色等；品种特性是某作物品种区别于其他品种的生物学性状，即对作物本身生存和繁殖有利的性状，如作物的生育期、光周期、种子的休眠期、落粒性、抗病性、抗旱性等。

11. 杂株率

检验样区内所有杂株（穗）占检验样区本作物总株（穗）数的百分率。

12. 散粉株率

检验样区内花药伸出颖壳并正在散粉的植株占供检样区内本作物总株数的百分率。对于玉米种子田，散粉株是指在花丝枯萎以前超过 5 cm 的主轴或分枝花药伸出颖壳并正在散粉的植株。

13. 淘汰值

在充分考虑种子生产者利益和较少可能判定失误的基础上，将样区内观察到的杂株与标准规定值进行比较，做出有风险接受或淘汰种子田决定的数值。

在田间检测时须注意：在检验过程中，需以质量性状（受环境的影响较小，基因间的相互作用有明显的显性、隐性区别，如小麦籽粒的颜色、豌豆的花色）为主，结合使用数量性状（受环境的影响较大，后代表现不明显的显性和隐性性状，是多个位点上的基因累加作用的结果，如株高、穗重）。

在田间检验时，要注意区分可遗传变异（基因突变、染色体畸变和重组等）和不遗传变异（环境条件影响引起的变异），特别是数量性状容易受环境条件的影响而发生变化。自然变异是指作物在自然条件下，不加人工控制发生的变异，是引起品种在长期使用过程中纯度降低的原因之一。

（二）田间检验目的和作用

田间检验的目的是检查田间前茬作物和品种或相近的自生植株；检查田间隔离情

况是否符合要求，是否有外来花粉、串粉污染；检查有无种传病害感染；检查有无有害杂草和异作物混入；检查品种的真实性和测定品种纯度；检查田间生长情况，种子成熟和质量是否正常；计算判定是否符合种子质量标准，能否作为种用种子。因此，田间检验是确保种子质量最重要的环节。实际生产中必须根据这些质量信息，采取相应措施，以确保种子收获时符合规定。

在种子生产过程中，田间检验可起到以下作用：一是检查制种田的隔离情况，防止因外来花粉污染而造成的纯度降低。二是检查田间作物生长情况，特别是花期相遇情况。及时采取花期调整措施，防止因花期不育而造成的产量和质量的降低，同时可及时清除有害杂草和异作物。三是检查种子生产技术的落实情况，特别是去杂、去雄情况。严格去杂可防止变异株及杂株对生产种子纯度的影响。有人做了假设的推理，虽不一定准确，但比较形象。其认为在严格去雄的条件下，杂交种的纯度＝母本纯度×父本纯度，即对双交种来讲，生产的种子要满足 96％的纯度，双亲的纯度应高于 98％，生产的种子要满足 98％的纯度，双亲的纯度应高于 99％。严格去雄，可防止自交粒的产生。在不考虑亲本纯度的条件下，玉米按照父母本 1∶4 的行数比，在 1％去雄不及时时，自交率为 3.8％；在 2％去雄不及时时，自交率为 7.4％；在 3％去雄不及时时，自交率可达 10.7％。因此，严格去雄对于保证制种质量具有非常重要意义。在种子生产过程中，应通过田间检验，提出去杂去雄的建议，保证严格按照种子生产的技术标准生产种子。四是检查品种的真实性和鉴定品种纯度，判断种子生产田生产的种子是否符合种子质量要求，对不合格种子生产田要报废，防止低纯度的种子对农业生产的影响。五是通过田间检验，为种子质量认证提供依据。

（三）田间检验员的资质要求

田间检验的关键技术就是掌握品种的特征特性，这就对检验员提出了严格的要求：每年保持一定的田间检验工作量，掌握良好的技能；熟悉和掌握田间检验方法和田间标准、种子生产的方法和程序等方面的相关知识，对被检作物有丰富的知识，知道被检作物品种的特征特性；具备能依据品种特征特性确认品种真实性、鉴别种子田杂株并使之量化的能力；具备独立地报告种子田状况并做出评价、对委托检验机构负责的能力。

总之，作为一个田间检验工作人员应做到：第一，能够识别和区分品种间的特征特性，熟悉种子生产方法和程序；第二，能依据不同作物和有关信息策划和实施能覆盖种子生产田的、有代表性的、符合规定要求的取样程序和方法；第三，能对品种间相互区别的特征特性进行描述；第四，能独立地对田间状况做出评价，出具检验结果报告。若在检验过程中对某些植株难以从特征特性上加以确认，在得出结论之前需要进行第二次或更多次的检验。以确保检验结果的准确性。

二、农作物田间纯度品种鉴定的主要技术

鉴定品种真实性和纯度，首先必须了解被鉴定品种的特征、特性，借以鉴别本品种和异品种。一般把品种的性状分为主要性状、次要性状、特殊性状和易变性状四类。

在进行田间品种纯度检验时应抓住品种的主要性状和特殊性状，必要时考虑到次要性状和易变性状。以下介绍几种大田作物田间品种纯度性状。

（一）小麦

1. 植株性状

（1）芽鞘色　绿色和紫色。芽鞘出土 1～2 cm 时目测芽鞘颜色。

（2）幼苗生长习性　分为三类，匍匐地面：幼苗平铺于地面；直立：幼苗与地面呈直角；半匍匐：幼苗与地面呈斜角。冬麦越冬前观测，春麦 5～6 片叶期观测。

（3）幼苗颜色　淡绿、绿色、深绿色。观测时间：分蘖盛期。

（4）叶耳色　绿（白）、紫（红）。抽穗期观测旗叶叶耳颜色。

（5）茎叶穗上的蜡质　分无、少、多。开花至灌浆期观测茎和叶。

（6）株高　分蘖节或地面至穗顶（不含芒）的高度。60 cm 以下为特矮，61～80 cm 为矮、半矮，81～100 cm 为中，101～ 120 cm 为高，120 cm 以上为特高。

（7）株型　抽穗后根据主茎与分蘖茎的松散程度分为三类，主茎与分蘖垂直夹角小于 15°为紧凑；大于 30°为松散；介于两者之间为中等。

（8）秆色　黄色和紫色。成熟期观测茎秆。

2. 叶片性状

（1）旗叶长度　25 cm 以下为短、25.1～30 cm 为中、30 cm 以上为长。

（2）旗叶宽度　1.5 cm 以下为窄、1.5～2.0 cm 为中、2.0 cm 以上为宽。在灌浆期测定旗叶叶长和叶最宽处。

（3）旗叶角度　20°以下为挺直、20.1°～90°为中等、90°以上为下披。齐穗后用量角器测量旗叶和穗下茎之间的夹角。

（4）叶茸毛　分无、有。抽穗前后观测旗叶和倒二叶、三叶叶片。

3. 穗部性状

（1）穗长　主穗基部小穗节至穗顶部（不含芒）的长度，以“cm”表示。6.0 cm 以下为特短、6.1～ 8.0 cm 为短、8.1 ～10.0 cm 为中、10.1～12.0 cm 为长、12.0 cm 以上为特长。

（2）小穗密度　小穗在穗轴上排列的疏密程度，20 以下为稀，20.1～25.0 为中、25.1～30.0 为密、30.0 以上为特密。计数每穗的小穗数（含不育小穗），并测量穗轴长度，按公式计算密度。小穗数，15 以下为少、16～20 为中、20 以上为多。

(3) 穗形　划分为六类。纺锤形：穗子两头尖、中部稍大；长方形：穗子上、中、下正面和侧面基本一致；圆锥形：穗子下大，上小；棍棒形：穗子上大下小，上部小穗着生紧密；椭圆形：穗短、中部宽、两端稍小；分枝形：小穗分枝。

(4) 穗色（颖壳色）　分红、白（黄）、黑、紫色四种。

(5) 芒　稃尖完全不延长为无芒；小穗稃有直芒或曲芒为有芒。

(6) 芒色　分白（黄）、黑、红色三种。

(7) 芒长　芒长40 mm以上为长芒；穗的上、下均有芒，芒长在40 mm以下为短芒；芒勾曲呈蟹爪状为勾曲芒；芒卷曲长度3 cm以下为短曲芒；芒卷曲3 cm以上为长芒曲。

(8) 芒的分布　有扇形和平行形，扇形又分为宽扇形和窄扇形。

(9) 护颖　护颖的颜色分白色、红色、黑边（黑花）、黑色。护颖的茸毛分无和有。护颖的形状分披针形、椭圆形、卵形、长方形和圆形。护颖肩的形状分为无肩、斜肩、方肩护颖嘴（尖）形状分为钝形、锐形、鸟嘴形、外曲形。护颖脊分为明显和不明显。

(10) 穗粒数　25以下为少、26～35为中、36～45为多、45以上为特多。

(11) 穗轴毛　无、有。

4. 籽粒形状

(1) 粒形　分长圆形、椭圆形、卵圆形和卵形四种。

(2) 粒色　分红色、白色、紫色、青黑色。

(3) 粒质　分硬质，籽粒横断面胚乳全部或大部分为角质；软质，籽粒横断面全部或大部分为粉质，介于两者之间为半硬质。

(4) 籽粒冠毛　分多、少。

(5) 千粒重　25 g以下为特低、25～35 g为低、35.1～45 g为中、45.1～55 g为高、55 g以上为特高。

(二) 玉米

1. 植株性状

(1) 第一叶鞘颜色　绿色、淡紫色、紫色、深紫色、黑紫色。在展开2叶之前，观察幼苗第一叶叶鞘的颜色。

(2) 第一叶尖端形状　尖、尖到圆、圆、圆到匙形、匙形。在幼苗期观测第一叶尖端形状。

(3) 叶片边缘颜色　绿、红绿、紫红、紫。在展开4叶期观测第4展开叶。

(4) 上位穗上叶与茎秆角度　5°以下为极小、25°为小、50°为中等、75°为大、＞90°为极大。在50%植株开花时观测。

(5) 上位穗上叶性状　叶姿态：直、轻度下披、中度下披、强烈下披、极强下披。

叶长：极短、短、中、长、极长。在轻度乳熟期用尺度量上位穗上叶叶环至叶尖的长度。叶宽：极窄、窄、中、宽、极宽。用尺度量上位穗上叶中下部的宽度。叶色：极淡绿、淡绿、绿、深绿、极深绿、紫绿。叶缘波状程度：弱、中、强。

(6) 叶鞘色　绿、浅紫、紫、深紫、黑紫。观测穗位叶或上位穗上叶叶鞘。

(7) 株高　地面至雄穗顶端的高度（cm）。极矮、矮、中、高、极高。

(8) 穗位高　地面至第一果穗着生节的高度（cm）。

(9) 穗位与株高比率　极小、小、中、大、极大。测量地面至雌穗结穗位置的高度与地面至雄穗顶部的高度，计算二者比例。

(10) 株型　紧凑型、松散型。

(11) 茎粗　测定地上第三节间中部直径。

2. 雄穗性状

(1) 雄穗抽出期　当雄穗顶部从叶片抽出时。

(2) 最上面一个节间的长度　从剑叶节至雄穗基部分枝的距离，分短、中、长。

(3) 雄穗抽出剑叶的长度　短：最低雄穗分枝没有抽出剑叶。中：最低雄穗分枝抽出剑叶 0～15 cm。长：最低雄穗分枝没有抽出剑叶 15 cm 以上。

(4) 雄穗侧枝姿态　直立、轻度下弯、中度下弯、强烈下弯、极度下弯。

(5) 雄穗小穗颖片或其基部的颜色　绿色、浅紫、紫、深紫、黑紫。在散粉盛期观测雄穗主轴上部 1/3 处小穗颖片或其基部颜色。

(6) 花药（新鲜花药）颜色　绿色、浅紫、紫、深紫、黑紫。在散粉盛期观测雄穗主轴上部 1/3 处。

(7) 雄穗主轴与分枝的角度　5°以下为极小、25°为小、50°为中等、75°为大、90°为极大。在 50%植株开花时观测。

(8) 雄穗小穗密度　疏、中、密。在散粉盛期观测雄穗主轴上部 1/3 处。

(9) 雄穗最低位（最高位）侧枝以上的主轴长度　极短、短、中、长、极长。在散粉盛期观测雄穗下部（上部）侧枝以上的主轴。雄穗一级侧枝数目：极少、少、中、多、极多。

3. 雌穗性状

(1) 花丝颜色　绿色、浅紫色、紫色、深紫、黑紫。在吐丝期观察。

(2) 果穗着生姿态　向上、水平、向下。在蜡熟期观察。

(3) 穗柄长度　剖开果穗苞叶，观察穗柄与穗位节间长度的比例。当穗柄长度小于节间长度的一半时，为短；当穗柄长度近似等于节间长度时，为中；当穗柄长度明显大于穗位节间长度时，为长。

(4) 苞叶长度　将手指横在果穗顶端，果穗明显露出苞叶为极短；当苞叶刚好覆盖果穗或超出果穗一个手指以内为短，超出 2 个手指为中，超出 3 个手指为长。

（5）穗形　圆筒形、直圆锥形、中间形。

（6）穗长　果穗基部至穗顶的长度，分极长、长、中、短、极短。

（7）穗粗　分极粗、粗、中、细、极细。测量干果穗中部。

（8）穗轴色　白色、粉红色、红色、紫色。

（9）穗轴中部直径　细、中、粗。

（10）果穗籽粒行数　8以下为极少、10～12为少、14～16为中、18～20为多、22以上为极多。

4. 籽粒性状

（1）粒型　硬粒型、偏硬粒型、中间型、偏马齿型、马齿型、爆裂型、甜质型、糯质型。

（2）粒色及粒顶部色　白色、淡黄、黄色、橘黄、橙、橘红色、红色、深红、蓝黑。

（3）籽粒形状　圆形、近圆形、中间、近楔形、楔形。观察干果穗中部籽粒。

（4）籽粒大小　极小、小、中、大、极大。

（5）穗轴颖片色　白色、粉红、红、紫、黑紫。观测穗轴中部颖片。

（三）棉花

1. 植株性状

（1）株型　塔型、筒型、丛矮型。

（2）果枝类型　有限果枝、无限果枝。

（3）果枝着生姿态　果枝平行、上斜、下垂三种。

（4）叶型　正常叶、鸡脚叶、超鸡脚叶。

（5）叶色深浅、叶片茸毛多少、长短等。

2. 花的性状

（1）苞叶　苞叶大小、叶上齿的多少、长短、苞叶基部有无蜜腺。

（2）花萼的形状　披针形、圆形、顶端凸起等。

（3）花冠　花瓣大小、花瓣颜色、花瓣基部有无斑点。

3. 棉铃性状

（1）铃形　卵圆形、圆形、圆锥形、尖长形。

（2）铃的大小、每铃室数、铃柄长短。

（3）铃的颜色、铃面光泽、凹点深浅。

4. 棉籽性状

（1）棉籽大小、形状、颜色、短绒有无。

（2）纤维平均长度和整齐度等。

【任务实施】

在师傅指导带领下，负责制种地田间检验工作任务；种子生产过程中，在田间对品种真实性进行验证，对品种纯度进行评估，对作物的生长状况、异作物、杂草进行调查，报告被检种子田状况并做出评价，检验结果对委托检验的机构负责。

【任务目标与质量要求】

对种子田实际质量做出可靠评价，做到被检种子田基本情况调查全面准确；能根据检验对象正确取样；正确检查、记录异品种、异作物、杂草、病（虫）害感染株（穗）数、父母本杂株散粉株数、母本散粉株数；结果计算与表示正确；规范填写田间检验报告。

【学习产出目标】

1. 熟知种子田间检验的目的、作用、时期、内容，熟悉种子田检的程序方法。
2. 玉米种子田间检验方案。
3. 真实性与品种纯度鉴定原始记录表（田间小区）。
4. 玉米杂交种田间检验记录表。
5. 农作物杂交种田间检验结果单。

【工作程序与方法要求】

一、种子田间检验程序

（一）田间检验的项目

田间检验项目因作物种子生产田的种类不同而不同，通常把种子生产田分为常规种子生产田和杂交种子生产田。

（1）常规种生产田　①前作、隔离条件；②品种真实性；③杂株数量；④其他植物植株数量；⑤种子生产田的总体状况（倒伏等情况）。

（2）杂交种生产田　①隔离条件及前作；②雄性不育程度；③串粉程度；④花粉扩散的适宜条件；⑤父、母本的真实性、品种纯度；⑥适时先收获父本（或母本）。

（二）田间检验时期

种子田间检验最好在全生育期的每个时期进行观察，才能全面掌握品种的特性，但在实际工作中，从人力、财力等考虑，种子田间检验应在品种特征特性表现最充分、最明显的时期进行，以评价品种真实性和品种纯度。一般在苗期、花期和成熟期。其中常规种至少在成熟期检验一次，杂交水稻、杂交玉米、杂交高粱、杂交油菜等杂交种花期必须检验2～3次；蔬菜作物则在商品器官成熟期必须增加一次检验，如叶菜类在叶球成熟期、果菜类在果实成熟期、根茎类在直根、根茎、块茎、鳞茎成熟期。部分作物田间检验时期参考表 3-29 和表 3-30。

表 3-29　主要大田作物品种纯度田间检验时期

作物种类	检验时期			
	第一期		第二期	第三期
	时期	要求	时期	时期
水稻	苗期	出苗一个月内	抽穗期	蜡熟期
小麦	苗期	拔节前	抽穗期	蜡熟期
玉米	苗期	出苗一个月内	抽穗期	成熟期
花生	苗期		开花期	成熟期
棉花	苗期		现蕾期	结铃盛期
谷子	苗期		穗花期	成熟期
大豆	苗期	2～3 片真叶	开花期	结实期
油菜	苗期		薹花期	成熟期

表 3-30　主要蔬菜作物品种纯度田间检验时期

作物种类	检验时期							
	第一期		第二期		第三期		第四期	
	时间	要求	时间	要求	时间	要求	时间	要求
大白菜	苗期	定苗前后	成株期	收获期	结球期	收获剥除外叶	种株花期	抽薹至开花时期
番茄	苗期	定植前	结果初期	第 1 花序开花至第 1 穗果坐果期	结果中期	在第 1 至第 3 穗果成熟		
黄瓜	苗期	真叶出现至 4～5 片真叶	成株期	第 1 次雌花开花	结果期	第 1 至第 3 果商品成熟		
辣（甜）椒	苗期	定植前	开花至坐果期		结果期			
萝卜	苗期	2 片子叶张开时	成株期	收获时	种株期	收获后		
甘蓝	苗期	定植前	成株期	收获时	叶球期	收获后	种株期	抽薹开花

（三）田间检验程序（表 3-31）

表 3-31　田间检验程序

工作过程	田间检验工作程序	具体工作项目
咨询、决策与计划	了解、把握田间检验整体工作任务	掌握田间检验对象的特征特性及田间检验的工作步骤
实　施	步骤一：基本情况调查	(1)了解情况 (2)隔离情况检查 (3)种子生产田生长状况 (4)品种真实性
	步骤二：取样	(1)确定样区的频率 (2)确定样区的分布 (3)确定样区的大小
	步骤三：检验	(1)检查记录异品种、异作物株(穗)数 (2)检查记录杂草株(穗)数 (3)检查记录病(虫)害感染株(穗)数 若是制种田需检查记录： (1)父母本杂株散粉株数 (2)母本散粉株数
检　查	结果计算与表示	(1)品种纯度：①淘汰值；②杂株(穗)率 (杂交制种田，应计算父母本杂株散粉率及母本散粉株) (2)其他指标：①异作物；②杂草；③病(虫)感染率；④母本散粉株率；⑤父(母)本散粉杂株率
评　价	田间检验报告	①基本情况填写；②检验结果填写；③填写检验意见

1. 基本情况调查

检验员在掌握被检作物品种的特征特性基础上，对种子生产田基本情况进行调查，包括了解整体情况、隔离情况的检查、品种真实性检查、种子生产田植物生长状况的调查等内容。

(1) 了解情况和检查标签　田间检验前检验员应熟悉检验品种的特征特性，同时通过面谈和检查档案，全面了解以下情况：被检单位名称、地址、作物、品种、类别（等级）；种子田的位置、编号、面积、制种户姓名、电话、前茬作物情况、播种的种子批号、种子来源、世代；栽培管理情况、检验品种证明书。要求种子田前作绝对没有或尽可能没有对生产种子产生品种污染的花粉源（同种的其他品种污染、其他类似植物种的污染、杂草种子的严重污染），种子田全部达到适宜的安全生产要求，才能保证生产的种子保持原有的“品种真实性”，就种子安全生产而言，前作不存在污染源。为了证实品种的真实性，有必要检查标签，了解种子来源详情，为此生产者至少应保留种子批的两个标签，一个竖在田间，另一个留用备查。生产杂交种包括父、母本的种子标签和田间分布图。一般水稻、玉米、小麦、棉花、大豆种子田前作不存在自生植株；油菜种子生产时，前作若为十字花科植物，则至少间隔两年；西瓜种子生产时，种子田前作不应有自生植株，不允许重茬栽培。在国外，许多国家种子相关法规对前作做了更为严格的规定。

（2）隔离情况和种子批总体情况的检查　隔离条件是指种子田与附近的田块有足够的距离，不会对生产的种子构成污染。

第一，检查隔离条件，检验员要围绕种子田周围检查隔离情况。对于由昆虫或风传粉杂交的作物种，应检查种子田周边与种子田传粉杂交的规定最小隔离距离内任何作物，如果种子田与花粉污染源的隔离距离达不到要求，检验员必须建议消灭污染源，以使种子田达到合适的隔离距离，或淘汰达不到隔离条件的部分田块。

第二，检查品种真实性，田间检验员绕种子田走一圈，应检查不少于100个穗或株，确保其性状与供种方描述的品种的特征特性一致。

第三，检查种子田状况，对种子田状况进行总体评价，这将决定是否有必要进行品种纯度的详细检查。检验员应详细检查田间，特别是四周情况，必须仔细观察种子田是否播有不同的种子或可能已被污染，如田间入口处或边界；检查播种机械在使用前是否清洁；已经严重倒伏长满杂草、由于病虫或其他原因导致生长受阻或生长不良的种子田应该淘汰，不能进行品种纯度的评定。若田间状况处于难以判别的中间状态时，检验员应该使用小区种植鉴定得出的证据作为田间检验的补充信息。

第四，检验员还要检查种子田和相邻的田块中的自生植株或杂草，它们可能是花粉污染源，还要保证种子田与其他已污染源传病害的作物隔离。

第五，检验员检查种子田的整体状况后，要对种子田进行更详细的检查，尤其是四周的情况必须仔细观察，部分田块可能播有不同的作物，其有可能成为污染源。

不同作物要求的隔离条件不同，种子生产田与周围附近的田块有足够的距离，不会对生产的种子构成污染。有关隔离条件，有两种情况：①与同种或相近种的其他品种的花粉的隔离；②与同种或相近种的其他品种为防止机械收获混杂的隔离。部分作物的隔离条件见表3-32。

表3-32　种子生产田隔离距离要求

作物及类别		隔离距离/m	相关标准
水稻	常规种 保持系 恢复系	20～50	GB/T 17314—1998
	不育系	500～700	GB/T 17314—1998
	制种田	200(籼稻)；500(稻)	GB/T 17314—1998
玉米	自交系	500	GB/T 17315—1998
	制种田	300	GB/T 17315—1998
小麦	常规种	25	GB/T 17315—1998
棉花	常规种	25	
大豆	常规种	2	
西瓜	杂交种	不要求	套袋授粉
油菜	原种	800	OECD种子认证方案要求原种生产隔离100 m
	杂交种		

经济合作与发展组织(OECD)、欧盟(EU)和美国种子生产田隔离距离统一为200 m，2000年英国农业部对隔离条件进行了详细描述，其中对玉米的隔离条件如表3-33所列。

表 3-33　玉米与甜玉米种子生产田的隔离距离　m

作物	异交所产生的杂株水平		
	1%	0.5%	0.1%
粮用玉米	200	300	约 500(目前难以推荐)
饲用玉米	130	200	420

(3) 品种真实性检查　首先，检验员在进行四周隔离距离检查时，应根据品种田间的特征特性与品种描述的特征特性，实地检查不少于 100 个穗或植株，确认其真实性与品种描述中所给定的品种特征特性一致。

其次，制种户需保留亲本（父母本）种子的两个标签，一个在田间，另一个自留。在检验员核实品种的真实性时有必要进行检查。

(4) 种子生产田的生长状况　对于倒伏严重、由于杂草危害或另外一些原因引起植株生长不良的种子田，不能进行品种纯度的评价，而应该被淘汰。当种子田处于中间状态时，检验员可以使用小区预控制的证据作为田间检验的补充信息，对种子田进行总体评价以确定是否有必要进行品种纯度的详细检查。

（四）取样

1. 确定样区的频率

凡同一品种、同一来源、同一繁殖世代和同一栽培条件的相连田块可划分为一个检验区。

田间检验员要制订详细的取样方案，正确评定品种纯度。取样方案应充分考虑样区（取样区域）大小、样区频率和样区分布，并符合 $4N$ 原则。如果规定的杂株标准为 $1/N$，总样本大小至少应为 $4N$，如杂株率最低标准为 0.1%（即 1/1 000），其样本大小至少应为 4 000 株（穗）。样区大小和样区频率应考虑被检作物、地块大小、播种方式，自交或异交等因素（表 3-34）。

表 3-34　种子田样区计数最低频率

面积/hm^2	样区最低频率/个		
	生产常规种	生产杂交种	
		母本	父本
少于 2	3	5	3
3	7	7	4
4	10	10	5
5	12	12	6
6	14	14	7
7	16	16	8
8	18	18	9
10	20	20	10
大于 10	在 20 hm^2 基础上，每增 1 hm^2 递增 2 个样区	在 20 hm^2 基础上，每增 1 hm^2 递增 2 个样区	在 10 hm^2 基础上，每增 1 hm^2 递增 1 个样区

2. 确定样区分布

样区分布要均匀，田块边缘的取样点，离地边至少 5 m。取样样区的位置应覆盖整个种子田，这就要求检验员在取样时要考虑到种子田的形状、大小和被检作物特定的特征，做到随机和广泛。不能故意选择比一般水平好或坏的样区。在实际过程中，先确定两个样区的距离，再考虑播种方向，尽可能使样区分布均匀。样区常见分布方式见图 3-8。

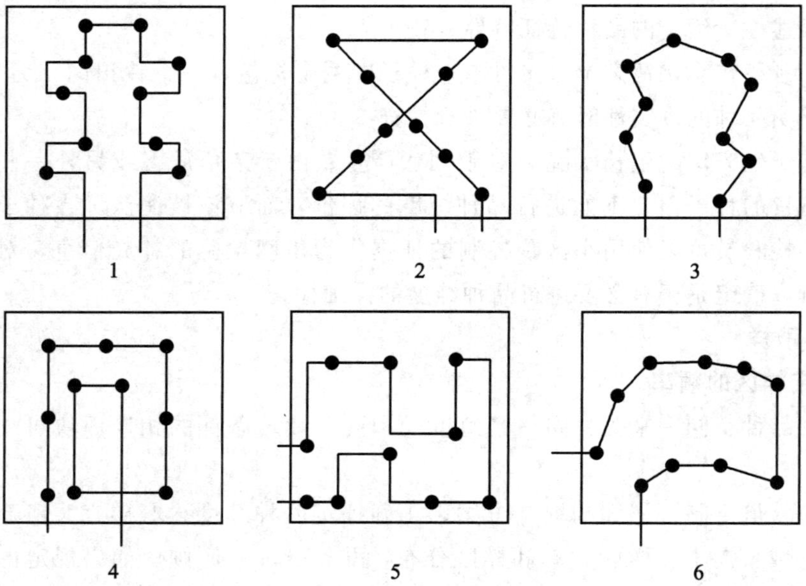

1. 观察 75％的田块；2. 观察 60％～70％的田块；3. 随机观察；4. 顺时针观察；
5. 观察 85％的田块；6. 观察 60％的田块

图 3-8 样区分布

3. 确定样区大小

样区大小和模式取决于被检作物种类、田块大小、条播或撒播、自交或杂交及种子田的地理位置等因素。

禾谷类常规种子的种子田检验时，如果种子田面积超过 10 hm^2，样区可采用 1 m 宽×20 m（长）的规格，面积 20 m^2，每区至少含 500 穗（株），与播种方向呈直角。

杂交种子田田间检验时，可将父、母本行视为不同的“田块”，由于父、母本的品种纯度要求不同，应分别检查，并分别报告母本和父本的检验结果；如果是宽行距种植的种子田（如玉米），需通过行或条的样区模式来核查。

水稻、玉米和高粱杂交制种田，其父、母本可视为不同田块，父、母本分别检查和计数。玉米和高粱杂交制种田样区大小为行内 100 株或相邻两行各 50 株；水稻每样区 500 株。

（五）分析检验

在检验之前，检验员应对供检品种的特征特性有充分的了解。进行检验时，缓慢地沿着样区预定方向前进，边设点边检验，直接在田间进行逐株观察分析鉴定。通常背光行走，应避免在阳光强烈、刮风、大雨的天气进行检查。检验时要根据品种的典型性状（主要性状、特殊性状）来判定品种真实性和品种纯度，当仅依据主要性状难以得出结论时，可参考次要性状进行评定。一般田间检验以朝露未干时进行为好，此时品种性状比较明显。各点依顺序检验时，将分析结果按本品种、异品种、异作物、杂草、感染病虫株（穗）数分别记录。同时，观察植株田间生长情况是否正常。

杂交作物需检验父、母本杂株率。杂株包括与被检品种特征特性明显不同（如株高、形状、成熟度、颜色）或不明显（如叶型、花、种子）的植株。玉米杂交种子生产田还需检验母本散粉株率；雄性不育系杂交种子田，还需记录检查母本雄性不育的质量。

（六）品种纯度结果计算

对于品种纯度高于99.0%或每公顷低于100万株（穗）的种子田，需采用淘汰值法。淘汰值是在考虑种子生产者利益和有较少失误的基础上，把在一个样本内观察到的变异株数与标准比较，做出符合要求的种子批或淘汰改种子批的决定。如果变异株大于或等于规定的淘汰值，就应淘汰该种子批。不同规定标准与不同样本大小的淘汰值可参考表3-35。

表3-35　总样区面积为200 m^2 在不同品种纯度标准下的淘汰值　　株(穗)

估计群体	品种纯度标准				
每公顷植株(穗)数	99.9%	99.8%	99.7%	99.5%	99.0%
	200 m^2 样区的淘汰值				
60 000	4	6	8	11	19
80 000	5	7	10	14	24
600 000	19	33	47	74	138
900 000	26	47	67	107	204
1 200 000	33	60	87	138	—
1 500 000	40	73	107	171	—
1 800 000	47	87	126	204	—
2 100 000	54	100	144	235	—
2 400 000	61	113	164	268	—
2 700 000	67	126	183	298	—
3 000 000	74	139	203	330	—
3 300 000	81	152	223	361	—
3 600 000	87	165	243	393	—
3 900 000	94	178	261	424	—

查淘汰值时，应计算群体株（穗）数，行播作物数穗而不数株数，用以下公式计算每公顷植株（穗）数：

$$p=\frac{1\ 000\ 000M}{W}$$

式中：p 为每公顷植株（穗）总数；W 为行宽（cm）；M 为每一样区内 1 m 行长的株（穗）数的平均值。

撒播作物，则计 0.5 m^2 的株数，用以下公式计算：

$$p=20\ 000\times N$$

式中：p 为每公顷植株数；N 为每样区内 0.5 m^2 的株（穗）数的平均值。

根据群体数，从表 3-36 查出相应的淘汰值。将各个样区观察到的杂株相加，与淘汰值比较，做出接受或淘汰种子田的决定。假如 200 m^2 样区内发现的杂株总数等于或超过表 3-36 估计群体和品种纯度的给定数目，就可淘汰种子田。

主要农作物田间杂交率和散粉株率见表 3-36。

表 3-36　主要农作物田间杂交率和散粉株率

<table>
<tr><th colspan="2">作物名称</th><th colspan="2">类别</th><th>田间杂株(穗)率/%</th><th>散粉率不超过</th></tr>
<tr><td rowspan="6">水稻</td><td rowspan="2">常规种</td><td colspan="2">原种</td><td>≤0.08</td><td></td></tr>
<tr><td colspan="2">大田用种</td><td>≤0.1</td><td></td></tr>
<tr><td rowspan="2">不育系、保持系、恢复系</td><td colspan="2">原种</td><td>≤0.01</td><td></td></tr>
<tr><td colspan="2">大田用种</td><td>≤0.08</td><td></td></tr>
<tr><td rowspan="2">杂交种</td><td rowspan="2">大田用种</td><td>父本</td><td>≤0.1</td><td rowspan="2">任何一次花检结果为 0.2%或两次花检累计为 0.4%</td></tr>
<tr><td>母本</td><td>≤0.1</td></tr>
<tr><td rowspan="6">玉米</td><td rowspan="2">自交系</td><td colspan="2">原种</td><td>≤0.02</td><td></td></tr>
<tr><td colspan="2">大田用种</td><td>≤0.5</td><td></td></tr>
<tr><td rowspan="2">亲本单交种</td><td rowspan="2">原种</td><td>父本</td><td>≤0.1</td><td rowspan="2">任何一次花检结果为 0.2%或三次花检累计为 0.5%</td></tr>
<tr><td>母本</td><td>≤0.1</td></tr>
<tr><td rowspan="2">杂交种</td><td rowspan="2">大田用种</td><td>父本</td><td>≤0.2</td><td rowspan="2">任何一次花检结果为 0.5%或三次花检累计为 1%</td></tr>
<tr><td>母本</td><td>≤0.2</td></tr>
<tr><td colspan="2" rowspan="2">小麦</td><td colspan="2">原种</td><td>≤0.1</td><td></td></tr>
<tr><td colspan="2">大田用种</td><td>≤1</td><td></td></tr>
<tr><td colspan="2" rowspan="2">棉花</td><td colspan="2">原种</td><td>≤1</td><td></td></tr>
<tr><td colspan="2">大田用种</td><td>≤5</td><td></td></tr>
</table>

续表3-36

作物名称		类别	田间杂株(穗)率/%	散粉率不超过
大豆		原种	≤0.1	
		大田用种	≤2	
油菜	亲本	原种	≤0.1	
		大田用种	≤2	
	制种田	大田用种	≤0.1	
西瓜	亲本	原种	≤0.1	
		大田用种	≤0.3	
	制种田	大田用种	≤0.1	

品种纯度低于 99.0%或每公顷超过 100 万株或穗，不采用淘汰值法。按以下公式计算杂株（穗）率：

$$杂株率=\frac{样区内的杂株数}{样区内供检本作物株数}\times 100\%$$

如果是杂交作物种子田计算品种纯度时，还需计算父、母本杂株散粉率和母本散粉株率，按以下公式计算：

$$母本散粉株率=\frac{母本散粉株数}{供检母本总株数}\times 100\%$$

$$父（母）本散粉杂株=\frac{父（母）本散粉杂株数}{供检父（母）本总株数}\times 100\%$$

病（虫）感染率、异作物率、杂草率按下式计算。

$$病（虫）感染率=\frac{感染病（虫）株（穗）数}{供检本作物总株数}\times 100\%$$

$$异作物率=\frac{异作物（穗）数}{供检本作物总株（穗）数+异作物株（穗）数}\times 100\%$$

$$杂草率=\frac{杂草（穗）数}{供检本作物总株（穗）数+杂草株（穗）数}\times 100\%$$

（七）检验报告

田间检验员完成检验工作后要及时、认真仔细填写田间检验报告单。田间检验报告单格式见表 3-37 和表 3-38。

田间检验员在填报田间检验报告单时还需做好下列情况的记录：作物品种的类别（等级）、农户姓名和电话、种子田位置、田块编号、面积、前作详情、种子批号。

依据作物的不同，在填报田间检验报告单时可选择填报相关的检验结果。

表 3-37　农作物常规种田间检验结果单

繁育单位				
作物名称			品种名称	
繁育面积			隔离情况	
取样点数			取样总株(穗)数	
田间检验结果	品种纯度		杂草	
	异作物		病虫感染	
	异品种			
建议或意见				

检验单位(盖章)：　　　　检验员：　　　　检验日期：　　年　　月　　日

表 3-38　农作物杂交种田间检验结果单

繁育单位				
作物名称			品种(组合)名称	
繁育面积			隔离情况	
取样点数			取样总株(穗)数	
田间检验结果	父本杂株率		母本杂株率	
	母本散粉株率		异作物	
	杂草		病虫感染	
建议或意见				

检验单位(盖章)：　　　　检验员：　　　　检验日期：　　年　　月　　日

【业务经验】

1. 检验员在进行田间检验时发现种子田有杂株，而小区种植鉴定中没有观察到杂株，应如何处理？

检验员必须记录和考虑这些杂株，委托检验的机构要对小区前控和田间检测的结果进一步核实。若小区鉴定和田间检验结果有较大的差异，有必要在小区和种子田中进行进一步的检查，以获得正相关的结果。

2. 检验员检查时，在一个样区发现杂株而其他样区未发现，应如何处理？

田间检验员在田间检验取样点中未检查到杂株和变异株，而在另一样区外发现杂株和变异株，这表明选择取样点的程序不是很合适，需重新设点取样，仔细检查穗(株)后进行评定。

3. 如何处理种子田难以检查的情况？

植株严重倒伏、长满杂草、病虫为害或其他原因导致的作物生长受阻或生长不良的种子田，不能进行品种纯度的评定，检验员可建议淘汰种子田。如果种子田处于难以判别的中间状态时，田间检验员应利用小区种植前控鉴定得出的证据作为田间检验的补充信息，综合分析后给出结论。

4. 检查时遇到严重的品种混杂，应如何处理?

田间检验员若发现种子田有严重的品种混杂现象，只需检查两个样区，取其平均值，并据此推断，查出淘汰值。如果杂株数超过淘汰值，应淘汰该种子田并停止检查。如果检测值没有超过淘汰值，则继续检查所有的样区。这种情况只适用于检查品种纯度，不适用于其他情况。

5. 田间检验员在填写检验结果单中的建议或意见栏时，应注意哪些问题?

如果田间检验的所有指标，如隔离条件、品种纯度、病虫感染率等都符合规定要求，可认为被检种子田符合要求，填“合格”。

如果田间检验的所有指标，如隔离条件、品种纯度等有一部分不符合规定要求，但通过整改（如去杂、去劣）后，可以达到标准，则应给出整改建议。整改后，还需通过复检，确认符合规定后可认为被检种子田符合要求，填“合格”。

如果田间检验的所有指标，如隔离条件、品种纯度等有一部分或全部不符合规定要求，而且通过整改措施仍达不到规定要求，应建议淘汰被检种子田，填“不合格”。

【作物田间检验案例】

案例 1　棉花品种纯度田间检验工作程序

各类农作物品种纯度田间检验工作程序基本相同，不同的是检验时期。下面以棉花为例，介绍棉花品种纯度田间检验工作程序。

工作程序	工作内容
相关知识学习	(1)掌握棉花品种的主要性状。 (2)知道棉花田间检验程序和方法。 (3)加强对田间检验工作重要性的认识。
用具准备	米尺、计算器、铅笔、记录表。
了解情况	了解所检验品种的特征特性及种子来源，以及良种繁育田的栽培、管理等情况。
划分检验区	当检验区基本情况一致时就作为一个检验区，若差异大，则按实际情况划分为几个检验区，并有效选取代表田。
设点取样	设点方法同水稻田间检验，取样的数量可参看表 3-34。棉花 5 亩以下设 5 点；6～20 亩设 8 点；21～50 亩设 11 点；51～200 亩设 15 点，每点取样 50 株。
分析与计算	设置取样点后，每点按照顺序，连续数取 50 株，逐株进行观察，将本品种与异品种的株数分别记录，全部检验完毕后，将各样点结果合计起来。计算品种纯度，此外还应观察病虫感染、生育情况等。
填写检验结果单	填写大田作物田间检验结果记录表(表 3-39)。

表 3-39　大田作物田间检验结果记录表

<table>
<tr><td colspan="2">繁殖单位</td><td></td><td>作物种类</td><td></td></tr>
<tr><td colspan="2">繁殖面积</td><td></td><td>品　种</td><td></td></tr>
<tr><td colspan="2">繁殖世代</td><td></td><td>取样点数</td><td></td></tr>
<tr><td colspan="2">隔离情况</td><td colspan="3"></td></tr>
<tr><td colspan="2">分析样品总数</td><td colspan="3"></td></tr>
<tr><td colspan="2">本品种株数</td><td colspan="3"></td></tr>
<tr><td colspan="2">异品种株数</td><td colspan="3"></td></tr>
<tr><td colspan="2">品种纯度</td><td colspan="3"></td></tr>
<tr><td rowspan="2">病害</td><td>种类</td><td colspan="3"></td></tr>
<tr><td>感染率</td><td colspan="3"></td></tr>
<tr><td rowspan="2">虫害</td><td>种类</td><td colspan="3"></td></tr>
<tr><td>感染率</td><td colspan="3"></td></tr>
<tr><td colspan="2">生育情况</td><td colspan="3"></td></tr>
<tr><td colspan="2">纯度分析</td><td colspan="3"></td></tr>
<tr><td colspan="2">处理意见</td><td colspan="3"></td></tr>
</table>

检验机关(盖章)　　　　检验员：　　　　检验日期：　　　　年　　月　　日

【工作任务实施记录与评价】

1. 种子田间检验任务考核与评价方法

考核内容及标准	分值	得分	备注
样点分布、样点数量取值、样点株数取值合理	10		
玉米父、母本特征特性记录准确	25		
父母本杂株率、母本散粉率记录、计算准确	25		
异株率、病虫害感染率、杂草率记录、计算正确	20		
田间检验结果建议或意见的合理性	20		
合　计	100		

考核人：　　　　被考核人：　　　　日期：

2. 玉米杂交种田间检验记录表

样点		散粉杂株		散粉株	杂株		异作物株		杂草株		感染病虫株	
母本	父本	母本	父本	母本	母本	父本	母本	父本	母本	父本	母本	父本
1	1											
2	2											
3	3											
4	4											
5	5											
6	6											
7	7											
8	8											
9	9											
10	10											
11												
12												
13												
14												
15												
16												
17												
18												
19												
20												

3. 农作物杂交种田间检验结果单

繁育单位				
作物名称			品种(组合)名称	
繁育面积			隔离情况	
取样点数			取样总株(穗)数	
田间检验结果	父本杂株率		母本杂株率	
	母本散粉株率		异作物	
	杂草		病虫感染	
田间检验结果建议或意见				

检验单位(盖章)　　检验员：　　检验日期：　　年　　月　　日

4. 真实性与品种纯度鉴定原始记录表(田间小区)

作物品种名称：　　　　　　　　种植地区：　　　　　　　　受检单位：

鉴定地点：　　　　　　　　　　鉴定日期：　　　　　　　　检验单位：

样品编号	小区号	株×行	重复	供检株数	本品种		异品种		自交株		其他		病害		虫害		生育情况
					株数	纯度	株数	纯度	株数	纯度	株数	纯度	种类	危害程度	种类	危害程度	
检测方法					备注：												
结果计算	公式： $品种纯度=\frac{供检种子株数-异品种株数}{供检种子株数}\times100\%$												容许误差：　　% 实际误差：　　%				

检验员：　　　　　　　　　　校核人：　　　　　　　　　　审核人：

5. 学徒关键职业能力及职业品质、工匠精神评价

项目	A	B	C	D
工作态度				
吃苦耐劳				
团队协作				
沟通交流				
科学严谨				
认真负责				
诚实守信				

6. 种子田间检验项目总体评价

师傅指导记录	总体评价	评价成绩
		年　月　日

任务 2　小区种植鉴定

【专业知识准备】

一、小区种植鉴定的概念

小区种植鉴定是指对种子真实性和品种纯度的鉴定。在室内检验难做出正确判断和结论的情况下，必须进一步做田间小区种植鉴定，即将种子样品播到田间小区中，并以标准品种作为对照，根据田间作物生长期间表现的特征特性来鉴定品种纯度。

小区种植鉴定是最为可靠、准确的鉴定品种真实性和品种纯度的方法，它适用于国际贸易、调种的仲裁检验并可作为赔偿损失的依据。品种纯度室内检验时，虽然有多种方法，但往往仍难以准确鉴定，特别对于杂交种（玉米、西瓜）F_1 种子更加难以正确鉴定其真实性和纯度，在此情况下田间小区鉴定就显得十分必要了，因为田间小区鉴定时，可以根据植株在生育期间不同时期的特征特性将不同品种加以鉴别，这对异花授粉作物纯度鉴定尤为重要。

二、小区种植鉴定的目的

小区种植鉴定的目的：一是鉴定种子样品的真实性与品种描述是否相符，即通过对田间小区种植的有代表性样品的植株与标准样品生长植株进行比较，并根据品种描述判断其品种真实性；二是鉴定种子样品纯度是否符合国家标准规定或种子标签标注值的要求。在种子繁殖和生产过程中，田间小区种植鉴定是监控品种是否保持原有的特征特性或符合种子质量标准要求的主要手段之一。

三、小区种植鉴定的作用

小区种植鉴定从作用来说可分为前控和后控两种。

1. 前控

当种子批用于繁殖生产下一代种子时，该批种子的小区种植鉴定对下一代种子来说就是前控，如种子繁殖期间的亲本鉴定。在种子生产时，如果对生产种子的亲本种子进行小区种植鉴定，那么亲本种子的小区种植鉴定对于种子生产来说就是前控。前控可在种子生产的田间检验期间或之前进行，可作为淘汰不符合要求的种子田的依据之一。

2. 后控

通过小区种植鉴定来检测生产种子的质量即为后控。如对收获后的种子进行小区种植鉴定、很多企业在海南进行的异地小区种植鉴定等。后控也是我国农作物种子质量监督抽查工作中鉴定种子样品的品种纯度是否符合种子质量标准要求的主要手段之一。

前控和后控的主要作用有以下几方面：

（1）为种子生产过程中的田间检验提供重要依据，是种子认证过程中不可缺少的环节。

（2）可以判定品种特征特性在繁殖过程中是否保持不变。

（3）可以鉴定品种的真实性。

（4）可以长期观察，观察时期包括从幼苗出土到成熟，可以随时观察小区内的所有植株。

（5）小区内所有品种和种类的植株的特征特性能够充分表现，可以使鉴定和检测方法标准化。

（6）能够确定小区内有没有异种植物生长和播种设备是否清洁，明确小区内非典型植株是否来自种子样品。

（7）可以比较相同品种、不同种子批的种子遗传质量。

（8）可以根据小区种植鉴定的结果淘汰质量低劣的种子批或种子田，使农民用上高质量的种子。

（9）可以采取小区种植鉴定的方法解决种子生产者和使用者的争议。

综上所述，根据世界各国的实践和经验，小区种植鉴定主要用于两方面：一是在种子认证过程中，作为种子繁殖过程的前控与后控手段，监控品种的真实性和品种纯度是否符合种子认证方案的要求。主要测试种子批的一致性，判断在繁殖期间品种特征特性是否发生变化，为限制繁殖代数提供有效的依据。二是作为鉴定品种真实性和测定品种纯度的主要方法，因小区鉴定能充分展示品种的特征特性，所以该方法可作为品种纯度检测的最可靠、准确的方法；但小区种植鉴定费工、费时。

3. 标准样品的作用和要求

为了鉴定品种真实性，应在鉴定的各个阶段与标准样品进行比较，对照的标准样品是栽培品种全面的、系统的品种特征特性的现实描述，标准样品应代表品种原有的特征特性，最好是育种家种子。

标准样品的管理主要包括来源、保持和确认三个方面。标准样品应尽可能代表品种原有的特征特性，与官方认可的样品没有显著差异。标准样品在使用前应经品种审定机构和种子认证、检验机构的官方认可，等效于标准仲裁样品。标准样品应从育种者或其代理人那里获取，并经品种管理机构认可。标准样品的数量应尽可能多，以致能使用几年，并在低温干燥的适宜条件下贮藏，保持其生活力。经确认的标准样品是提供该品种在检测时期的真实描述，是判定检测样品的最可靠标准，它总是与官方的品种描述一起使用，但必须注意，品种描述是有局限性的，有时用于品种鉴定往往不是很准确。

【任务实施】

在师傅指导带领下，针对具体工作任务起草公司小区种植鉴定方案并实施。

【任务目标与质量要求】

在作物生长不同时期认真观察记录，确保结果准确无误。填写真实性与品种纯度鉴定原始记录表，对鉴定品种做出评价。

【学习产出目标】

1. 掌握小区种植鉴定的概念、目的和作用。
2. 制订小区种植鉴定方案。
3. 完成真实性与品种纯度鉴定原始记录表并填报结果。

【工作程序与方法要求】

一、试验地选择

在选定小区鉴定的田块时，必须确保小区种植田块的前作状况符合GB/T 3543.5—1995的要求，即前茬无同类作物和杂草的田块作为小区鉴定的试验地。这可通过检查该田块的前作档案，确认该田块已经过精心策划的轮作，种子收获时散落在田块的作物种子和杂草种子已得到清除。在考虑前作状况时，应特别注意土壤中的休眠种子或未发芽的种子。现已证实，许多作物的种子，在条件适宜时可在土壤中存活许多年，某些含油量较高的种子（如欧洲油菜和芜菁）可存活许多年，籽粒较小的禾谷类种子在条件适宜时也能存活几年。

为了使种植小区出苗快速而整齐，除考虑前作要求外，应选择土壤均匀、肥力充足的田块，并有适宜的栽培管理措施。

二、小区设计

为了便于观察，应考虑以下几个方面：①在同一田块，将同一品种、类似品种的所有样品连同提供对照的标准样品相邻种植，以突出它们之间的细微差异。②在同一品种内，把同一生产单位生产、同期收获的有相同生产历史的相关种子批的样品相邻种植，以便于记录，这样搞清了一个小区内非典型植株的情况后，就便于检验其他小区的情况。③当要对数量性状进行量化时，如测量叶长、叶宽和株高等，要采用符合田间统计要求的随机小区设计。④如果资源充分允许，小区种植鉴定可设重复。⑤小区鉴定种植的株数，因涉及权衡观察样品的费用、时间和产生错误结论的风险，究竟种植多少株很难统一规定。但必须牢记，要根据检测的目的而确定株数，如果是要测定品种纯度并与发布的质量标准进行比较，必须种植较多的株数。为此，OECD规定了一条基本的原则：一般来说，若品种纯度标准为（$N-1$）×100%/N，种植株数为4N即可获得满意结果。假如纯度标准要求为99.0%，则种植400株即可达到要求。⑥小区种植的行、株间应有足够的距离，大株作物可适当增加行株距，必要时可用点播和点栽。《国际种子检验规程》建议，禾谷类作物及亚麻的行距为20～30 cm，其他作物为40～50 cm；行中最适种植株数为：禾谷类作物60株/m，亚麻100株/m，蚕豆10株/m，大豆和豌豆30株/m，芸薹属30株/m。在实际操作中，行株距都是依实际情况而定，只要有足够的行、株距能保证植株正常生长即可。

三、小区管理

小区种植的管理，通常要求与大田生产粮食的管理工作相同，不同的是，不管什么时候都要保持品种的特征特性和品种的差异，做到在整个生长阶段都能允许检查小区的植株状况。

小区种植鉴定只要求观察品种的特征特性，不要求高产，土壤肥力应中等。对于易倒伏作物（特别是禾谷类）的小区鉴定，尽量少施化肥，有必要把肥料水平减到最低程度。

使用除草剂和植物生长调节剂必须要小心，避免它们影响植株的特征特性。

四、鉴定和记录

小区种植鉴定在整个生长季节都可观察，有些种在幼苗期就有可能鉴别出品种真实性和纯度，但成熟期（常规种）、花期（杂交种）和食用器官成熟期（蔬菜种）是品种特征特性表现最明显的时期，必须进行鉴定。记录的数据用于结果判别时，原则上要求花期和成熟期相结合，并通常以花期为主。小区鉴定记录也包括种子纯度和种传病害的存在情况。

GB/T 3543.5所指的变异株，在术语中将其定义为“一个或多个性状（即特征特性）与原品种育成者所描述的性状明显不同的植株”。这里所说的性状明显不同，包括质量性状和数量性状的不同。OECD建议在小区鉴定记录中采用主要性状，这也是UPOV品种描述的强制性特征特性。

在小区鉴定中判断某一植株是否为变异株，需要田间检验员的经验。检验员应对种植样品的改种的形态特征特性有研究，并熟悉该样品种子的品种特征特性，进行主观判断时要借助官方品种描述，区分是遗传变异还是由环境条件所引起的变异。特别注意两种情况：一是某些特征特性（如植株高度与成熟度）易受小区环境条件的影响；

二是特征特性可能受化学药品（如激素、除草剂）应用的影响。因此，田间检验员应掌握一个原则，在最后计数时，忽略小的变异株，只计数那些非常明显的变异株，从而决定接受或淘汰种子批。

那些与大部分植株特征特性不同的变异株应仔细检查，并有记录和识别的方法，通常采用标签、塑料牌或有颜色的带子（如红绳）等标记系在植株上，以便于再次观察时区别对待。

估计每一小区的平均植株群体，便于计算变异株的水平。如果小区中的变异株总数接近或大于“淘汰值”，必须更加准确地估算相应小区的群体。

五、结果计算与容许差距

品种纯度的测定结果可以用变异株数目和百分率表示。

1. 品种评判

国家标准规定种子纯度要求很高的种子，如育种家种子、原种，判断其是否符合要求，可利用淘汰值法。淘汰值是在考虑种子生产者利益和有较少可能判定失误的基础上，把在一个样本内观察到的变异株数与质量标准比较，决定接受符合要求的种子批或淘汰该种子批，其可靠程度与样本大小密切相关（表 3-40）。

表 3-40　不同样本大小和可靠程度下的淘汰值

样本大小/株	淘汰值/株	接受种子批的可靠程度/%		
		1.5/1 000*	2/1 000*	3/1 000*
1 000	4	93	85	65
4 000	9	85	59	16
8 000	14	68	27	1
12 000	19	56	13	0.1

注：* 是指每 1 000 株中所实测到的变异株。

不同规定标准与不同样本大小下的淘汰值见表 3-41，如果变异株大于或等于规定的淘汰值，就应淘汰该种子批。

表 3-41　不同规定标准与不同样本大小的淘汰值

规定标准/%	不同样本(株数)大小的淘汰值/株						
	4 000	2 000	1 400	1 000	400	300	200
99.9	9	6	5	4	—	—	—
99.7	19	11	9	7	4	—	—
99.0	52	29	21	16	9	7	6

2. 以变异株数目表示

GB/T 3543.5 所规定的淘汰值就是以变异株数目表示，如纯度为 99.9%，种植 4 000 株，其变异株或杂株不应超过 9 株（淘汰值）；如果不考虑容许差距，其变异株不超过 4 株。应在考虑种子生产者利益和有较少可能判定失误的基础上，把一个样本内观察到的变异株数与发布的质量标准进行比较，在充分考虑后做出有风险接受或淘汰种子批的决定。不同标准的淘汰值不同。

表 3-41 中有横线或下划线的淘汰数值并不可靠，因为样本数目不足够大，具有极大的错误接受不合格种子的危险性。这种现象发生在标准样本内的变异株少于 $4N$ 的情况下。

表 3-41 的淘汰值的推算是采用泊松分布，对于其他标准计算可采用下式：

$$R=X+1.65\sqrt{X}+0.8+1$$

注意：结果舍去所有小数位数，不采用四舍五入或六入。

式中 R 为淘汰值，X 为标准所换算成的变异株数，如纯度为 99.9%，在 4 000 株中的变异株数为 4，$R=4+1.65\sqrt{4}+0.8+1=9.1$，去掉所有小数后，淘汰值为 9。如纯度为 99.7%，在 2 000 株中的变异株数为 6，$R=6+1.65\sqrt{6}+0.8+1=11.84$，去掉所有小数，淘汰值为 11。

3. 以百分率表示

将所有鉴定的本品种、异品种、异作物和杂草等均以所鉴定植株的百分率表示。小区种植鉴定的品种纯度结果可采用下式计算：

$$品种纯度=\frac{本品种总株数-变异株（非典型株）数}{本品种总株数}\times 100\%$$

ISTA 规定，鉴定的种子、幼苗或植株不多于 2 000 株时，这时品种纯度的最后结果用整数的百分数表示；如果多于 2 000 株，则结果保留一位小数。由于我国现行农作物种子质量标准的品种纯度规定值和 GB/T 3543.5 的容许差距均保留一位小数，为此，建议小区种植鉴定的品种纯度保留一位小数，以便于比较。

对于有分蘖的植株，以株数为单位比以穗为单位的要求要严格。

使用 GB/T 3543.5 中规定的容许差距，如果在标准中查不到，可用下式进行计算：

$$T=1.65\sqrt{\frac{p\times q}{N}}$$

式中：p 为品种纯度的数值；q 为 $100-p$；N 为种植株数。

例如，纯度 90%，种植 78 株，那么 p 为 90，q 为 10，N 为 78，求得其容许差距为 5.6。

六、结果填报

田间小区种植鉴定结果除品种纯度外，还可填报所发现的异作物、杂草和其他栽培品种的百分率。填写田间小区种植鉴定的原始记录表。

【田间小区种植鉴定程序】

程序1：选择土地，确定种植密度和制定栽培管理措施

为使品种特征特性充分表现，试验的设计和布局上要选择气候条件适宜、土壤均匀、肥力一致、前茬无同类作物和杂草的田块，并有适宜的栽培管理措施，行间、株间应有足够的距离，大株作物可适当增加行、株距。

程序2：适期播种及田间种植要求

（1）种植方案　最好采用点播点栽，不得间苗，根据作物种类确定播种方案。一般玉米种子为1∶2∶1或2∶2∶1；棉花种子为1∶1∶1或1∶2∶1；西甜瓜种子1∶1∶1或1∶2∶1（每穴播1粒或2粒种子）。

（2）小区设计及种植株数　田间小区种植品种要设两个重复，每一品种要种植标准株50株左右，重复间的地力要均匀，田间浇水施肥一致。每重复种植粒数根据相关标准要求确定。如杂交玉米SC704 F1的鉴定，其纯度为98.0%时要求鉴定株数不低于200株，故播种粒数可为250～300粒以保证鉴定不低于200株。

程序3：种植株数的确定

例1：有一样品玉米杂交种子SC704纯度为99.7%，按GB/T 3543.5—1997田间小区种植鉴定规程规定应至少种多少株？如果种植4 000株，其淘汰值为多少？如果4 000株中测到8株变异株，判断该批种子合格的可靠程度为多少？

（1）计算种植株数：

$$\frac{(N-1)\times 100\%}{N}=99.7\%$$

解得 $N=333$，种植株数应为 $4N$，即1 332株。

（2）以种植4 000株查表3-41，其淘汰值为19株。

（3）种植4 000株，有8株变异株，查表3-40，2/1 000×4=8/4 000，其可靠度为59%。

例2：在1 000株小麦中发现有1.5个变异株，种子批的可靠程度为93%，现种植4 000株，其合格批的可靠度为85%，该样本有多少株变异株数？

查表3-40，通过计算可知，变异株数为6株。

程序4：选择鉴定时期

在幼苗期就可鉴别品种真实性和纯度，如杂交西瓜在苗期采用子房鉴定和幼果鉴定；杂交甜瓜在花期某些品种根据花托的颜色区别杂交株和自交株，一般在幼果期鉴定的品种多；杂交玉米在苗期用叶鞘和第一片子叶的性状区别自交苗和杂交苗。棉花在蕾期、花期根据叶片、株型可鉴别杂株和变异株；花期是杂交玉米鉴定的最好时期。

最终鉴定时，棉花在盛铃期最佳；小麦、油葵等作物在成熟期最佳。

程序5：进行观察鉴定

检验员应拥有丰富的经验，熟悉被检品种的特征特性，能正确区别本品种植株和变异株。变异株应是遗传变异的结果，而不是受环境影响所引起变异。

程序6：结果计算

将所鉴定的本品种、异品种、变异株、母本株和杂草均以占总株数的百分数表示。

程序7：品种合格和淘汰的评判

例：田间小区玉米亲本种子鉴定，种植 4 000 株，要求亲本纯度为 99.9%，其淘汰值为多少？

$R=4+1.65+\sqrt{4}+0.8+1\approx 9$，淘汰值应为 9 株。

程序8：结果报告

田间小区种植鉴定结果除品种纯度外，若是杂交作物，需注明杂株（变异株、自交株、异品种）的种类，计算其比例。若是常规作物，需注明杂株（变异株、异品种、生物学混杂）的种类，计算其比例。

【工作任务实施记录与评价】

1. 小区种植鉴定任务考核与评价方法

学习任务	玉米小区种植鉴定			
评价类别	评价项目	子项目	自我评价	师傅评价
社会能力（20 分）	团结协作（10 分）	学习态度、考勤（5 分）		
		提出问题深度广度（5 分）		
	敬业精神（10 分）	吃苦耐劳精神（5 分）		
		学习纪律（5 分）		
方法能力（20 分）	计划能力（10 分）	方案条理性（10 分）		
	决策能力（10 分）	方案可实施性（10 分）		
专业能力（60 分）	实施	小区种植鉴定工作完成的质量（40 分）		
		小区种植鉴定相关材料整理质量（20 分）		
总成绩				
综合能力	工作态度、沟通能力、协作能力、专业能力等由企业检验员评价。 企业师傅签名：			

2. 真实性与品种纯度鉴定原始记录表

作物品种名称：　　　　　　　　种植地区：　　　　　　　　受检单位：

鉴定地点：　　　　　　　　　　鉴定日期：　　　　　　　　检验单位：

样品编号	小区号	株×行	重复	供检株数	本品种		异品种		自交株		其他		病害		虫害		生育情况
					株数	纯度	株数	纯度	株数	纯度	株数	纯度	种类	危害程度	种类	危害程度	
检测方法							备注：										
结果计算																	

检验员：　　　　　　　　效核人：　　　　　　　　审核人：

3. 学徒关键职业能力及职业品质、工匠精神评价

项目	A	B	C	D
工作态度				
吃苦耐劳				
团队协作				
沟通交流				
科学严谨				
认真负责				
诚实守信				

4. 种子小区种植鉴定项目总体评价

师傅指导记录	总体评价	评价成绩
		年　月　日

附 录

Appendix

Appendix

Appendix

Appendix

附录1
种子检验员岗位标准

试点专业名称	种子生产与经营专业
学徒岗位名称	种子检验员
岗位工作描述	种子扦样检验员：正确使用扦样器扦出均匀一致的初次样品，所扦样品具有代表性；按照《农作物种子检验规程》准备适宜的扦样器、划分种子批、确定扦样频率，扦取初次样品、配制混合样品、配制送验样品、处理送验样品、填写扦样单。达到种子扦样检验员岗位任职要求。
	种子室内检验员：对检测对象种用价值做出准确判断。根据农作物种子检验员考核大纲和行业标准 GB/T 3543.2—1995，熟练操作种子定级的四个必检验项目，即进行种子水分测定、种子净度分析、种子发芽试验、品种纯度鉴定，具备获取种子室内检验员资格证书能力。
	种子田间检验员：对检测对象种用价值做出准确评价。熟练掌握不同作物种子田田间检验的五个操作步骤：第一是基本情况调查全面准确；第二是根据检验对象正确取样；第三是正确检查和记录异品种、异作物、杂草、病（虫）害感染株（穗）数、父母本杂株散粉株数、母本散粉株数；第四是结果计算与表示正确；第五是正确填写田间检验报告。达到种子田间检验员岗位任职要求。
工作场所	种子企业种子收购现场、种子企业种子质量检测中心、种子企业种子繁育基地等场所。
职业道德与素质要求	根据农作物种子检验员考核大纲要求，获取种子检验员证书应具备应有的知识和技能，能确保检测数据准确、客观。
行业企业职业行为规范	1. 农作物种子检验规程。 2. 农作物种子检验规程实施指南。 3. 农作物种子检验员考核学习读本。
对应职业资格	种子田间检验员、种子扦样检验员、种子室内检验员证书。

续表

岗位工作任务(或项目)	工作过程与技术、质量要求	专业知识要求	技术技能要求	综合职业能力要求
一、种子扦样检验员	1. 根据检验任务,起草扦样方案,按单位管理规定上报审批。 2. 做好扦样前的各项准备工作,包括扦样所需的各种器具、材料、证件、文件和资料。 3. 严格按照批准的扦样方案和扦样要求的规定进行扦样、封缄,并履行有关手续。 4. 妥善保管 样品,及时安全地把扦样的样品交送(或邮寄、运送)到检验室。 5. 按照检验任务和检验规程规定,分取试验样品。 6. 遵守有关保密规定。 7. 所有使用的仪器必须在有效的规定周期内,保证量值准确,能溯源到国家基准。	1. 掌握扦样目的、样品定义、扦样原则。 2. 了解种子扦样员职责、种子批的封口与标志、划分与异质性测定。 3. 熟知扦样器的构造和使用方法、扦取送验样品的程序、扦样单内容与填写。 4. 熟知分样器的构造和使用方法、分取试样程序、样品保存与管理。	按《农作物种子检验规程》准备适宜的扦样器、划分种子批、确定扦样频率,扦取初次样品、配制混合样品、配制送验样品、处理送验样品、填写扦样单	1. 态度、品质 科学严谨的工作态度、责任心、吃苦耐劳精神、团队协调能力、保密能力、诚实、职业道德、职业思维、工作经验积累。 2. 专业知识、技能 (1)掌握完成种子检验员工作任务所要求的基本知识,能够解决在种子各项检验检测项目实操中常见的问题。 (2)熟练掌握种子田间检测技术、扦样检测技术、室内检测技术国家标准操作规程,合理计划、安排检验工作任务,分析解决种子质量检验工作中出现的一般性技术问题。 3. 专门技术应用能力 具备一定的农村工作能力,能与农民有效沟通,检查督促制种户开展制种工作,保证制种质量达到合格要求。有效收集种子质量检验相关信息,工作结束后完成种子田间检验报告单、扦样检验报告单文本作业。
二、种子室内检验员	1. 通过对送验样品的真实性、净度、发芽率、生活力、活力、水分和千粒重等项目的检验和测定,准确评定种用价值。确保种子检验结果准确、公正、客观。 2. 实施严格的过程管理。首先是检验前管理。在检验开始前,要做好一切准备工作,仪器使用前要对仪器状态进行查看,并做好记录;对检验室温度、湿度、生物细菌、电源、供水和排水进行有效的控制,并做好记录。其次是检验过程管理。在检验过程中,检验员对所用的规程进行检查,是否是当地	1. 掌握种子检验的内容和程序,检验方法确认的内涵和主要途径,检测工作的质量控制,容许差距的使用,原始记录和种子检验报告的格式、内容、数据修约和填写要求。 2. 掌握净度分析的目的、含义,净种子定义,净度分析程序,结果计算与标示;其他植物种子数目测定目的、程序、结果计算与表示。 3. 掌握种子水分含义和特性,仪器设备,测定程序,结果计算与表示。	1. 检验仪器设备调试、校正操作。 2. 分样操作。 3. 净度分析操作。 4. 发芽试验操作。 5. 水分测定操作。 6. 品种纯度室内鉴定操作。 7. 正确填写原始记录,会数据修约。 8. 会评定检验结果(含幼苗鉴定、电泳胶片)。 9. 其他种子检验测定操作。	

续表

岗位工作任务(或项目)	工作过程与技术、质量要求	专业知识要求	技术技能要求	综合职业能力要求
	批准的有效版本;对送来的检验试样及有关手续核查是否与所检测项目相符合;依据检验规程规定,对所检验项目逐项检验;对所检验项目的结果及时按程序填写原始记录;检验项目结束,要及时将结果送有关人员编制检验报告,并依据规定分别审核和签发。	4. 掌握种子质量的含义、质量测定程序、结果计算与表示。 5. 熟知发芽率、生活力和活力含义与区别;发芽试验的目的与原则、仪器设备、发芽条件与发芽床、休眠破除处理和发芽程序、幼苗构造、正常幼苗与不正常幼苗鉴定标准、结果计算与表示。 6. 掌握种子生活力测定目的、仪器设备、测定程序、有生活力与无生活力种子的鉴定标准、结果计算与表示。 7. 掌握种子活力测定目的、适用范围、仪器设备、主要测定方法及其程序、结果计算与表示。 8. 掌握品种真实性与品种纯度鉴定目的、真实性和纯度的含义、检测方法的适用范围及其评价;电泳测定技术、分子检测技术、转基因检测技术流程和主要检测方法。 9. 种子健康测定的目的、主要方法、主要种传病原菌的特定检测方法。		4. 社会工作能力 培养形成良好的职业道德,能够吃苦耐劳,具备科学严谨的工作态度、责任心强,有一定的语言表达能力、沟通能力、学习能力、团结协作能力。诚实敬业、保守企业机密、善于观察分析总结。
三、种子田间检验员	1. 负责制种地田间检验工作任务。 2. 在种子生产过程中,在田间对品种真实性进行验证,对品种纯度进行评估,对作物的生长状况、异作物、杂草进行调查,报告被检种子田状况,检验结果对委托检验的机构负责。	种子生产的方法和程序,种子田生产质量要求(田间标准),品种特征特性;田间检验目的和原则,检验时期与检验项目,田间检验方法,田间检验报告。小区种植鉴定目的,分类及其作用,品种描述与标准样品,小区设计和管理,鉴定方法,品种纯度标准与容许差距,结果计算与表示。	1. 基本情况调查全面准确。 2. 根据检验对象正确取样。 3. 正确检查、记录异品种、异作物、杂草、病(虫)害感染株(穗)数、父母本杂株散粉株数、母本散粉株数。 4. 结果计算与表示正确。 5. 正确填写田间检验报告。	

续表

职业品质与工匠精神	爱岗敬业、忠于职守、求真务实、客观公正、科学严谨、认真负责，有强烈的社会责任感和高度的法律意识。
职业生涯发展规划	1. 毕业后第 1 年能够独立承担种子检验员岗位工作，确保完成各项检验任务，报告结果准确、客观。 2. 毕业 2 年内考取种子检验员证书；胜任种业公司种子检验员岗位。 3. 毕业 3～5 年成为种业公司种子质量检测中心负责人，全盘负责公司种子质量。

附录2 种子生产与经营专业学徒岗位课程标准

试点专业名称	种子生产与经营专业		
学徒岗位课程名称	种子质量检测技术	学徒工作学习周数	5周
学徒岗位课程工作描述	种子质量检测技术是种子生产与经营专业一门实践操作性很强的证书课程，同时也是种子繁育、经营岗位所需的应用技术课程。作为种子检验员，按照《农作物种子检验员考核大纲》要求必须具备相关的专业基础知识，包括：种子的含义，种子的植物学分类、种子的形态构造，种子的化学成分、种子休眠、种子寿命与劣变、种子萌发、种子生产过程的技术要求。职业道德知识包括：职业道德基本知识、职业道德规范的主要内容、职业道德教育的形式和途径、职业道德检查和奖惩。还须具备一定的操作技能，能够熟练掌握农业部《农作物种子检验规程》中规定的种子检验检测各个项目的测定技术，特别是四个必检项目(种子水分、发芽率、纯度、净度分析)的规范操作。在种子扦样时，能正确应用扦样器使所扦样品具有代表性、一致性，使种子检验结果可靠、有效。在室内检验时，通过对种子质量进行检验、检测、鉴定，准确评定种用价值。在种子田间检验时能够根据制种田的形状和大小合理、均匀取点，知道不同种子生产田的田间检验项目，所得结果与种子真实性不存在偏差，准确判断出种子质量的优劣。		
课程教学目标与学习产出	一、职业素质目标(可量化考核) (一)职业精神与品质 1. 培养学徒爱岗敬业、勤业、精益求精的精神，企业师傅满意率90%以上。 2. 遵守行业企业规范，诚实守信，注重岗位职业形象，违规“零”出现。 3. 培养学生树立职业理想、职业态度、职业责任、职业作风，具备创业、立业能力，创业率达到3%。 (二)关键能力 1. 学习与创新能力：主动学习，学习有计划，上交率达到100%。 2. 社会能力：善于沟通、交流，获得有效信息，利于工作目标的实施，企业师傅满意率达到100%。 3. 交往合作能力：在小组学习中，积极发言、汇报学习成果，团结协作，善于换位思考的学徒人数达到90%。		

续表

<table>
<tr><td></td><td colspan="3">4. 心理调适能力：健康、阳光，有效调整各种压力，心理不健康现象“零”出现。
5. 信息分析处理与说写表达能力：具备信息化应用能力，使用信息技术获得学习资源，云课堂作业 100%完成。
二、专业知识目标(可量化考核)
1. 掌握完成种子检验员工作任务所要求的基本知识，能够解决在种子各项检验检测项目实操中常见问题。
2. 熟练掌握种子田间检测技术、扦样检测技术、室内检测技术国家标准操作规程，有效计划安排检验工作任务，分析解决种子质量检验工作中出现的一般性技术问题，准确率达到 100%。
三、职业能力目标(技术技能和岗位从业能力)
1. 学徒可以根据不同作物按照标准要求实施田间检验工作任务和田间检验报告单填写，准确率 100%。
2. 正确制订扦样检验方案，在种子收购点根据农民上交种子量的大小，按要求有效扦取送验样品和正确填写扦样检验报告单。
3. 能够对种子室内检验仪器设备正确调试和校准；错误“零”出现。
4. 正确进行不同作物种子分样操作、净度分析操作、发芽试验操作、水分测定操作、品种纯度室内鉴定操作、原始记录填写、数据修约、检验结果(含幼苗鉴定、电泳胶片)的评定。全部检验结果在国家标准规定的容许误差范围之内。</td></tr>
<tr><td>学徒岗位课程实施工作场所</td><td colspan="3">在种子企业种子收购现场、种子企业种子质量检测中心、种子企业种子繁育基地等场所工作。</td></tr>
<tr><td>学徒岗位课程实施岗位职业安全与规章制度</td><td colspan="3">按《农作物种子检验规程》的要求执行。</td></tr>
<tr><td>企业师傅、专业指导教师配置与教学要求</td><td colspan="3">合作种子企业 10 家以上，必须具备种子检验资质。企业师傅在种子检验员岗位有 5 年以上工作经历。专业指导教师具有 5 年以上种子检测经验。生产性实训基地有技术专家进行指导。</td></tr>
<tr><td>可考取的职业资格证书、行业或企业证书</td><td colspan="3">种子扦样检验员、种子室内检验员、种子田间检验员。</td></tr>
<tr><td>岗位工作学习任务(或项目)</td><td>工作学习内容</td><td>工作学习组织</td><td>学习产出考核标准</td></tr>
<tr><td>1. 种子检验技术基本知识</td><td>科学严谨的工作态度和责任心是种子检验员必须具备的岗位素质。</td><td>在实训中心进行，检验员与教师和学生讨论交流。</td><td>知道种子检测在农业生产中重要地位；种子检验员的素质和岗位职业能力要求；有优质种子的概念。</td></tr>
</table>

续表

2. 种子扦样检验技术	正确使用扦样器扦出均匀一致的初次样品，所扦样品具有代表性。	在种子收购现场进行知识研讨、方案制订、技能训练、完成工作任务。	按《农作物种子检验规程》准备适宜的扦样器、正确划分种子批、确定扦样频率，扦取初次样品、配制混合样品、配制送验样品、处理送验样品、填写扦样检验报告单
3. 种子室内检验技术	种子水分测定技术。	相关知识以学徒自学为主，完成学习任务单填写，学徒单人操作，填写检验原始记录表、操作过程中师傅起指导作用，操作结束后师傅进行总结评价。	知道室内检测项目及种子检测程序；了解国标中四个必检项目的测定及原始记录填写要求；种子室内检验报告单标准填写。 学会不同作物种子水分标准法测定技术。
	种子净度分析技术。	相关知识由师傅通过案例进行讲解，主要通过学生自学完成学习任务单，技能操作按照“六步法”进行，按考核标准进行考核。	学会不同作物种子的净度分析技术，并能进行一般问题处理和正确填写原始记录表。
	种子发芽试验。	种子形态构造与化学成分、种子休眠与萌发生理和种子形成和发育相关理论知识以学生自主学习为主，完成学习任务单，部分内容讲解采用多媒体、案例、资料查阅等授课方式穿插进行。技能操作按照“六步法”进行。	正确判定幼苗的生长情况，按标准准确完成不同作物种子发芽试验，正确填写原始记录表。
	种子活力测定。	种子活力、寿命、劣变相关知识以学生自学完成学习任务单为主，教师起辅导作用，技能操作按照“六步法”进行。	学会不同作物种子活力测定技术，会做相应的技术处理。
	种子质量测定。	相关知识以学生自学为主，技能操作按照“六步法”进行。千粒重在玉米制种田播种量计算以案例讨论师生共同完成。	学会种子千粒重测定技术并知道千粒重测定在农业生产中的应用。
	种子生活力测定。	种子生活力相关知识学生以自学为主，教师通过考核让学生消化相关内容，技能操作按照“六步法”进行。	学会不同作物种子(四唑)测定技术，准确判定种子生活力，正确填写原始记录表。

续表

	种子纯度检测。	品种真实性和种子纯度相关知识以学生自学为主，多媒体、调查、案例、视频学习穿插进行，学生完成学习任务单，技能操作按照“六步法”进行。	学会玉米种子盐溶蛋白纯度电泳测定技术，正确填写原始记录表。
	种子健康测定技术。	种子健康测定技术相关知识学生以自学为主，技能操作按照“六步法”进行。	学生学会小麦、棉花种子健康测定技术。
4. 种子田间检验	对种子田实际质量做出可靠评价。	农作物种子形成发育、种子田间检验技术等相关知识学生以自学为主，通过自主学习单人完成玉米杂交制种田田间检验方案制订，小组修改、汇报方案，教师点评赋分；技能训练结合顶岗实习玉米制种田检工作任务，按咨询、计划、决策、实施、检查、评估“六步法”进行玉米田间检验。由企业分配田间检验工作任务、学生单人操作、小组总结、填写田间检验报告单。由企业检验员考核评价。	1. 基本情况调查全面准确。 2. 根据检验对象正确取样。 3. 正确检查、记录异品种、异作物、杂草、病（虫）害感染株（穗）数、父母本杂株散粉株数、母本散粉株数。 4. 结果计算与表示正确。 5. 正确填写田间检验报告，做出判定
职业品质与工匠精神培养	爱岗敬业、忠于职守、求真务实、客观公正、科学严谨、认真负责，有强烈的社会责任感和高度的法律意识。		
学徒工作学习组织管理计划	一、岗位训练学徒组织管理机构 1. 企业是学徒岗位训练和专业核心能力训练教学工作的主体，为了加强岗位训练和专业核心能力训练工作的管理，成立岗位训练和专业核心能力训练工作小组，工作小组根据培养目标和种子检验员岗位设置确定岗位训练和专业核心能力训练内容，负责制定岗位训练和专业核心能力训练实施计划并组织实施。 2. 学徒岗位训练和专业核心能力训练工作小组组长由企业相关分管领导担任、副组长由办公室主任和学院相关系部主任担任，成员由企业相关部门负责人、工程技术人员、一线指导师傅及学院相关分院教师、相关检验员指导教师组成。领导小组办公室设在企业办公室，由办公室主任负责，并配备适当工作人员。 3. 学徒开展岗位训练和专业核心能力训练过程中应配备具有一定专业素养和技能水平的指导师傅，指导师傅的遴选由岗位训练和专业核心能力训练工作小组负责，每个指导师傅所带学徒的数量控制在 2～5 人。 4. 为了加强学徒岗位训练和专业核心能力训练工作有效性，学院要组建一支由行业专家和相关职业工种技能培训教师组成的岗位训练和专业核心能力训练教学指导队伍，负责学徒训练过程的业务指导，并会同岗位训练和专业核心能力训练工作小组及时调整岗位训练和专业核心能力训练计划。 学徒在岗位训练和专业核心能力训练期间接受企业的技术指导，由学校和企业双重管理。		

续表

<table>
<tr><td></td><td colspan="3">二、岗位训练学徒管理
1. 学徒应严格遵守企业的规章制度，服从管理，虚心向指导老师学习、请教，认真完成岗位职责。
2. 学徒必须按规定时间完成训练，如学徒中途无故擅自离开训练岗位，未完成训练，或者在训练过程中违反种子检验安全操作规程并造成损失的，不能获得岗位训练和专业核心能力训练的成绩。
三、岗位训练学徒文档管理。
岗位训练和专业核心能力训练文件主要包括训练教学标准、训练计划、训练教材、训练指导书、教学训练考核评分标准及各种过程记录文档和考核报告。</td></tr>
<tr><td rowspan="6">学徒考核评价方案</td><td>评价项目</td><td>评价内容及赋分</td><td>分数</td></tr>
<tr><td>工作态度</td><td>此项由企业检验员赋分，考勤 5 分；旷到一次此项不得分；工作态度 5 分，工作积极主动，能够按时高质量完成企业检验员布置的种子检验任务此项得满分，否则酌情扣分。</td><td>10 分</td></tr>
<tr><td>学徒总结报告</td><td>实习总结内容全面，结构合理、逻辑性强此项得 10 分；实习总结内容比较全面，结构比较合理、逻辑性较强得 5～9 分；实习总结内容不够全面，结构不合理、缺乏逻辑性此项得 0～4 分。</td><td>10 分</td></tr>
<tr><td>学徒单位鉴定师傅评价</td><td>企业检验员根据学生在企业的综合表现赋分。</td><td>20 分</td></tr>
<tr><td>学徒汇报</td><td>汇报 PPT 内容有逻辑性，画面清晰，图文并茂，根据汇报内容质量酌情赋分。</td><td>10 分</td></tr>
<tr><td>学徒成果</td><td>按照相关标准对备检种子样品进行种子质量定级，能够正确填写检验项目原始记录表，检验结果可靠，出示种子检验结果报告单；检验结果在项目容许误差范围之内此项得满分，否则，此项不得分。</td><td>50 分</td></tr>
<tr><td>学徒岗位认证条件</td><td colspan="3">1. 种子企业具备种子检验资质。
2. 种子检验员岗位具有 2～3 名专职检验员，且从事种子检验工作 5 年以上具有本科及以上学历。
3. 企业种子检验师傅具有一定的沟通能力、善于“传、帮、带”。</td></tr>
</table>

附录3
种子检验员学徒岗学徒师傅聘任标准与教学指导工作规范

第一部分　学徒师傅聘任标准

为深化落实推动《教育部关于开展现代学徒制试点工作的意见》文件精神，以种子企业用人需求与岗位资格标准为服务目标，丰富中国特色职业教育体系内涵，使种子生产与经营专业的现代学徒制改革顺利开展并取得实效，确保企业师资水平能够满足本专业现代学徒制教学的需要，特制定本标准。

一、聘任对象

种子生产与经营专业现代学徒制企业师傅的聘请对象主要是种子生产与经营企业、农业科研院所中有丰富的种子生产与经营工作经验，具备种子生产与经营实践成果的在职人员。

二、聘任条件

（一）热爱种子生产与经营事业，对培养种子生产与经营人才充满热情，具有良好的政治思想素质和高尚的职业道德。

（二）具备丰富的处理种子生产与经营问题的能力，善于沟通和表达，能掌握并灵活运用行业知识进行技能的传授和讲解。

（三）工作成绩突出，善于“传、帮、带”，近三年在企业的生产、经营等工作中，没有违纪、违章、违规行为。

（四）取得农艺师及以上职业资格证书；或种子生产与经营专业的技师及以上技能等级证书；或是具有种子生产与经营领域独特专长的能工巧匠。

（五）接受过专门的职业教育或系统的种子生产与经营职业技能培训。

（六）有制订、实施培训方案的能力，具备良好的语言表达能力和沟通交流能力。

（七）身体、心理健康，能坚持正常工作，男性 60 岁以下、女性 50 岁以下。

三、评聘程序

由种业企业根据评选条件，结合实际情况采取笔试、技能操作等方式进行评选。

获得推选的师傅需填写种子行业师傅申报认定表（附表 3-1），企业盖章后，由企业和合作院校共同审核。

经评审通过的师傅，发放聘书，聘期为三年。聘书加盖学院和师傅所在企业公章。

四、奖励办法

对于表现优秀的人员给予精神奖励，由单位和学院统一发文表彰，颁发获奖证书。将优秀师傅的评选获奖情况计入个人档案，作为晋职晋级的考核依据之一。

附表 3-1　种子行业师傅申报认定表

<table>
<tr><td>姓 名</td><td colspan="2"></td><td colspan="2">性别</td><td colspan="2"></td><td colspan="3">年龄</td><td colspan="3"></td><td rowspan="3">照片</td></tr>
<tr><td colspan="2">工作单位</td><td colspan="4"></td><td colspan="3">技术职务资格</td><td colspan="2"></td><td colspan="2"></td></tr>
<tr><td colspan="2">通信地址</td><td colspan="7"></td><td colspan="2">邮政编码</td><td colspan="2"></td></tr>
<tr><td colspan="2">邮箱</td><td colspan="4"></td><td colspan="5">最高学历、学位</td><td colspan="3"></td></tr>
<tr><td colspan="2">专业技术职称</td><td colspan="4"></td><td colspan="5">毕业学校及时间</td><td colspan="3"></td></tr>
<tr><td colspan="2">技术、专业特长</td><td colspan="4"></td><td colspan="5">现从事技术岗位</td><td colspan="3"></td></tr>
<tr><td colspan="2">拟担任师傅岗位</td><td colspan="2">岗位一</td><td colspan="2"></td><td colspan="2">岗位二</td><td colspan="3"></td><td>岗位三</td><td colspan="2"></td></tr>
<tr><td colspan="2">岗位工作经历</td><td colspan="12"></td></tr>
<tr><td colspan="2">传授技能及工作业绩</td><td colspan="12"></td></tr>
<tr><td colspan="2">学习情况</td><td colspan="12"></td></tr>
<tr><td colspan="2">所在单位
推荐意见</td><td colspan="12">盖　章
年　月　日</td></tr>
<tr><td colspan="2">合作院系意见</td><td colspan="12">主任签字（单位盖章）：</td></tr>
</table>

第二部分　学徒师傅教学指导工作规范

教书育人是每一位教师应尽的责任和义务，作为学徒制下的师傅，应遵循教育教学的基本规律，遵守教师教学规范的有关要求，结合教学工作实际，努力提高教学质量，培养德、智、体、美、劳全面发展的高素质人才。为此每个师傅应做到：

1. 拥护党的基本路线，努力学习马克思主义、毛泽东思想和邓小平理论，遵纪守法，认真贯彻执行党和国家的教育方针、政策，有良好的职业道德。

2. 负责指导学徒熟悉学徒岗位工作环境和防护设施，提高学徒的自我保护能力，采取有效措施防止学徒在工作中受到伤害和发生安全事故。

3. 有较强的事业心和责任感。做好对学徒的日常考勤和管理，加强职业道德、劳动纪律和企业文化等教育，培养学徒文明、守纪的良好习惯。

4. 刻苦钻研本学科领域的理论知识和技能，精益求精，不断提高学术水平。

5. 认真学习和研究教育理论知识，努力掌握教育教学规律，积极参与教学研究，不断提高教学水平。

6. 为人师表、教书育人，对学生严格要求、严格管理。认真听取学校和学徒指导教师的意见，采取措施及时解决学徒指导中存在的问题，不断提高学徒学习质量。

7. 自觉遵守学校各项规章制度，严格执行学校的各种教学文件。督促学徒及时填写学徒手册，对学徒的学徒工作小结填写评语并签名。

8. 身体健康，认真做好对学徒种子检验技能训练的指导和各技术环节的示范，使学徒尽快掌握实际操作技能，严格要求学徒，并经常进行提问、讲解与指导。

9. 根据教学标准的要求和学徒的具体情况，按照学徒制人才培养方案，对师傅要做到有记录、有考核，对考核不合格的师傅予以解聘、减少课时费、取消晋升等优惠条件。

10. 对学徒的成绩进行评定，除接受合作学校教学主管部门及其指定的专门人员组织的复查外，拒绝其他任何组织、任何形式的干预。

附录4 种子检验员学徒岗学徒选拔标准与学习守则

第一部分　企业学徒选拔标准

一、学徒选拔的基本原则

坚持“公平、公正、公开”的原则，做到选拔条件与考核内容公开、选拔经过公开、选拔结果公开，选拔优秀学徒入企业实践。

二、选拔对象、条件及人数

（一）选拔对象

新疆农业职业技术学院种子生产与经营专业全日制学生。

（二）选拔条件

1. 思想端正，有良好的道德品质和文明的行为习惯。

2. 身体健康，对玉米、棉花花粉无过敏反应。

3. 专业课程成绩优秀，文化课程学习成绩较好。

4. 热爱种子生产与检测、销售事业，具有合作意识和团队精神。

5. 有较强的责任感、吃苦耐劳的精神、与人沟通的能力、品行端正。

6. 自愿参加，入选后同意参加种子工程学院等相关企业现代学徒制培训。

7. 毕业后（学成后）自愿在种子相关企业从事作物种子生产、检验与销售等岗位工作。

（三）选拔人数

根据种子相关企业选拔学徒的人数确定。

三、选拔程序

个人提出书面申请;根据学生的学习成绩及平时表现情况进行推荐;种子企业综合考核,确定人选;由种子企业、学院、学生(未成年人由家长代理)等三方共同签订学徒协议。

四、学徒选拔考核技术标准

(一)考核命题标准

学徒选拔考核以国家职业标准的工作要求为基础,适当增加新知识、新技术、新技能等相关内容,以生产实践应用较多的案例等形式进行考核。试题由学徒选拔的相关企业组织有关专家统一命制。

(二)考核场地环境设计

采取有效措施确保工位与工位之间互不干扰;设置有考评专家进入现场巡视的专门通道,以不影响考核选手考试为标准。

(三)场地配置要求

农作物种子检验员考核需配置:相应的种子检验检测实验室。

(四)考核内容及要点

1. 考核方法

农作物种子繁育员考核采用现场答题的方法,要求考生按照农作物繁育员国家职业标准中所规定的工作要求,在规定时间内完成答题。分为理论知识考试和技能操作考核:理论知识考试采用闭卷笔试方式,技能操作考核采用现场实际操作方式。理论知识考试和技能操作考核均实行百分制,成绩达60分以上者为合格。

2. 考核内容

①农作物种子知识;②农作物栽培知识;③植物学;④植物保护知识;⑤土壤知识;⑥肥料知识;⑦农业机械知识;⑧农业法;⑨农业技术推广法;⑩种子法;⑪植物新品种保护条例;⑫产品质量法;⑬经济合同法等相关的法律法规;⑭安全使用农机具知识;⑮安全用电知识;⑯安全使用农药知识。

3. 考核时间

要求2 h内完成。

4. 技术要求

(1)要求采取笔试。

(2)考题根据考核命题自选。

5. 评分要求

理论成绩严格按照卷面成绩给出,实践成绩由企业考核专家给出,平时表现成绩由学校考核小组给出。

6. 考核场地及工具、用具提供

(1)实践考核场地由合作企业提供。

(2)其他工具、用具由学徒自备(如笔、稿纸)。

(五)成绩评定(附表 4-1)

附表 4-1　种子生产与经营专业学生学徒考核与评价体系

序号	考核单位	考核项目	评价内容	考核标准	权重
1	学徒单位	学徒学习态度	学习(工作)态度	1. 热爱岗位工作,服从企业及师傅领导。 2. 工作主动认真、责任心强、勤奋进取、开拓创新、乐于奉献。 3. 遵守企业的各项规章制度,无擅离职守、旷工、空岗、离岗等违纪现象。	0.2
			职业精神及团队协作能力	认真学习、领悟企业文化,虚心学习企业员工敬业爱岗精神,积极与企业员工沟通、合作,形成整体合力。	0.1
2	学徒单位	岗位技能	专业技能	认真学习业务知识,熟练掌握岗位操作技能,能够及时解决操作中出现的常见问题。	0.3
			业务工作	按时完成企业分配的工作任务,工作效率高、质量优异。	0.2
3	学校	学徒学习文本材料	学徒学习手册	1. 按时保质保量完成企业师傅布置的教学项目学习任务,并做好学习记录。 2. 及时记录学徒学习期间的工作内容,在指导下完成工作解决出现的问题。 3. 学习手册填写规范、内容翔实。	0.05
			学徒学习总结	1. 及时上交学徒学习总结。 2. 总结全面、认真、规范。	0.1
			学徒单位鉴定意见表	及时上交实习单位鉴定意见表。	0.05
			学徒学习成果	学徒期间在国家核心期刊发表论文,每篇加 5 分;在一般期刊发表论文,每篇加 3 分;最高不超过 10 分。	
学徒总成绩		优秀(≥85 分);　良好(71～85 分);　及格(60～70 分);　不及格(<60 分)			
说　明		本表中所规定的考核指标应全部完成,缺少任何一项者为不达标。			

第二部分　企业种子检验员学徒学习守则

一、入职培训

1. 公司在企业学徒进入职业岗位工作之前必须开展入职培训。培训地点可选在学院或公司，重点就公司、部门基本情况、企业组织机构、管理文化、从事工作任务等相关内容进行培训。

2. 公司为每位企业学徒指定一名入职引导人，进入职业岗位工作时，需指定一名企业技术专家或部门技术负责人为指导教师，指导学生工作、生活，完成职业岗位工作任务和学生学习计划。

二、检验员岗位职责

1. 熟练掌握检验技术，严格按照标准或规程进行各项检验工作，确保检验数据真实、准确、可靠。

2. 做好样品的收发、登记、保管及检验后处理工作。

3. 做好检验原始数据的整理，填写原始记录表和检验结果报告单，对检验原始记录、结果报告的正确性负责。

4. 对仪器设备进行管理，定期保养、校正，对仪器设备出现的故障及时报告上级领导并做好记录。

5. 负责的档案内容整理齐全、存放有序、保管得当、便于查找。

6. 严格遵守保密制度及检验室管理制度，保证工作环境安全、卫生、整洁。

三、 岗位规范

1. 素质要求：年龄 20～45 周岁，大专及以上学历；对工作细心，有耐心；农学及种子检验相关专业；具有较强的责任心和事业心，有长期服务公司的打算；心理素质稳定，办事公私分明。

2. 能力要求：具有实验操作基础，能较熟练使用实验器具；具有一定的微生物和检验方面的知识；具有一定的化学知识，对药品使用，安全性有一定的了解；具有一定的种子质量、安全方面的相关检验标准的知识；对工作持续改进的能力和不断学习的能力。

3. 上岗前的要求：对实验室实验器具了解；了解实验人员的职责及本岗位工作手册；安全、环保意识、药品的使用意识。

4. 岗位晋升：检验专员→检验主管→品管部长。

四、检验室工作管理制度

1. 所有进入检验室的人员都必须严格遵守检验室规章制度。

2. 所有进入检验室的人员应服从检验室管理人员安排，采取必要安全措施，保证人身及检验设备的安全。

3. 相关操作人员实验操作过后必须清理好现场，严禁检测、实验残留物出现在地面或工作台。

4. 实验人员上岗操作时，要穿戴好工作服、鞋、帽。

5. 检验室的所有检验设备，未经检验室负责人许可，任何人不得擅自开关、使用和移动检验室中的任何设备。

6. 未经检验室负责人允许，不得将与检验无关的人员带入检验室。

7. 在检验室内不得做与检验工作无关的事。

五、检验室安全管理制度

1. 检验室应根据本检验室情况制定严格的操作规程，检验室内部人员都要严格执行；进入检验室的外来人员也必须遵守检验室有关的规章制度。

2. 检验室负责人负责本检验室的安全技术监督、检查工作；所有检验设备都由专人负责管理。

3. 检验室新进实验员上岗时，操作检验设备时必须有有经验的实验员在场或新进实验员已经过上机操作培训与考核。

4. 实验结束后，必须关好电源、仪器开关；下班前，实验人员必须检查操作的仪器及整个检验室的门、窗和不用的水、电、气路，并确保关好；消除安全隐患。

5. 若仪器设备在运行中，实验人员不得长时间离开现场。对需要长时间连续进行的实验，应确保实验过程安全。

6. 实验时严禁带电作业(如带电接线、拆线)。

7. 严格检验室钥匙的管理，钥匙的配发应由实验员统一管理，不得私自借给他人使用或擅自配置钥匙，确实需要配置钥匙时需经检验室负责人同意。

8. 如有盗窃和事故发生，立即采取措施，及时处理，必须按规定上报，不得隐瞒不报或拖延上报，重大事故要立即抢救，保护事故现场。

9. 检验室根据实际情况，配备一定数量的消防器材，消防器材要摆放在明显、易于取用的位置，并定期检查，确保有效，严禁将消防器材移作别用。检验室人员必须熟悉常用灭火器材的使用。

10. 当实验过程中发生电路故障时(如线路跳闸)，应先立即切断电源，再进行检查，分析原因；当检验室电器设备或线路起火时，应立即切断电源总闸，再用干粉灭火器对准火源进行灭火，若火势较大难以处理，应及时向上级报告并马上报警，火警解除后要注意保护现场。

11. 下班前，检验室人员必须检查操作的仪器电源是否关闭，确保关好空调、灯和检验室的门，因人为原因造成检验室事故的，按有关规定对当事人追究责任。

12. 进行有毒、有害、有刺激性物质或有腐蚀性物质操作，应戴好防护手套、防护镜。

六、学徒学习管理制度

1. 学徒必须遵纪守法，遵守社会公德，互帮互助，自尊自爱，自觉接受学徒企业、学校的双重教育和管理。

2. 学生进入学徒期需由本人申请、家长同意，学校根据学生所学专业，选择并安排实习单位，签订有关协议。

3. 学徒必须遵守学校对学徒学生的管理规定和安排，及时缴纳学费，按时参加学校组织的活动，认真记录学徒学习日志，经常向学校、家长汇报实习情况。

4. 学徒必须严格遵守企业的有关规章制度，不迟到，不早退，按时进入指定的工作岗位，认真完成师傅布置的工作任务。

5. 学徒不准擅自离开合作企业，确因生病或其他事宜需离开的，须提前向企业师傅和学校指导教师提出书面申请，经双方准假同意后，方可离开。否则按旷到处理。

6. 学徒在学习工作业余时间应按企业师傅布置的学习任务，有计划地开展自学和相关业务学习活动，如有事需离开学徒企业须履行请假手续，请假期间不得与社会不良青年来往、聚众酗酒，不得违规上网。

7. 学徒必须听从企业师傅指导，按照作物制种操作规程完成师傅布置的工作任务，并及时向师傅汇报工作进展情况，确保种子质量安全。

8. 学徒不得故意损坏企业的各种设备，不乱动设备，如发现故障或异常现象及时报告师傅，确保学习安全。

9. 学徒对实习单位的安排和处理确有意见，应及时与学校联系并报告，由学校依据事实与单位负责协商。学徒不得直接与实习单位发生冲突。

10. 学徒必须参加学徒岗位考核和技能鉴定，做好学徒学习总结，经学习企业签署意见后交给学校。

11. 学徒学习结束，学校组织优秀学徒评比工作，对优秀学徒进行表彰奖励。若学徒综合考核为不合格，需延长学徒学习时间重新学习，直到考核合格，方可转为准员工。

12. 学徒必须注意自身的形象，穿着得体、举止文明，不得自行在外住宿，严禁吸毒、吸烟、喝酒、赌博、打架斗殴，不看不健康的书刊或音像制品。

13. 尊重学徒企业领导、师傅和其他技术人员，听从安排、服从分配，安心本职工作，做到谦虚谨慎、勤学好问、吃苦耐劳，学以致用，提高操作技能，力争达到种子繁育员岗位的任职要求。

14. 严格遵守学徒企业的保密制度，不得将技术或商业情报向外泄露，维护企业利益。

七、企业学徒学生的工作与学习制度

1. 企业学徒学生在企业指导教师指导下直接上岗从事公司职业岗位工作。岗位工作等同于企业员工，岗位实习学徒不得提出特殊要求。

(1)企业学徒学生工作期间必须服从部门管理人员、班组长工作安排，严格按照技术规范要求开展职业岗位工作。对工作中不清楚的技术问题,要勤学、勤问、勤练,掌握后再上岗操作,保证工作质量,提高技术水平。

(2)遵守劳动纪律,反复操作训练,精确操作,提高劳动效率,高效、高质量完成岗位工作。

(3)企业学徒学生有权拒绝与职业岗位无关的工作,并积极主动与指导教师、上级领导反映、沟通。

2. 学徒期间,学生采用边工作边学习的工作导向教学与学习方法,学生在已有知识技能的基础上,主要采用以下学习方法:

(1)作为学徒,在企业指导教师指导下,通过反复工作训练,掌握职业岗位操作(原为“职业”)技能。学生要多与企业指导教师交流沟通、请教业务技术,注重学习指导教师分析问题、解决处理问题的思维方式、工作经验、公司人际关系等方面的知识。

(2)充分利用公司业务技术培训的机会,学习业务技术。

(3)利用业余时间,自学学院提供的技术指导手册、企业技术资料。根据生产中的问题,通过各种信息渠道参阅学习相关知识、技术资料。

(4)在学习、训练掌握职业岗位业务技术的同时,善于调研分析岗位业务技术,以及工作中存在的问题,通过研究,能够改进技术或管理程序、提高工作效率。

3. 学徒必须服从学校实习的统一安排,个人不得擅自调换企业和岗位。如确有问题须向学校指导教师提出申请,经批准后方可调换,否则以实习成绩不及格处理。

八、学徒期安全

1. 公司安全教育:公司在岗位实习学徒上岗前进行一次安全教育。

2. 意外人身伤害保险:公司为岗位实习学徒购买一份意外人身伤害保险。

3. 安全检查:公司在学徒期实施前、中、后期进行三次安全检查,重点就生活场所安全、工作场所安全、交通安全、饮食安全、学生日常行为安全等方面进行全面检查,并开展不定期抽查。

4. 处罚

(1)公司对不注重岗位学徒安全的部门限期责令整改,并处以相应经济处罚。

(2)公司对不听劝阻、严重违反有关安全操作规定的岗位学习学徒,将其送返学院处理。

附录5 玉米品种鉴定技术规程——SSR标记法

1 范围

本标准规定了利用简单重复序列（simple sequence repeat，SSR）标记法进行玉米（Zea *mays* L.）品种鉴定的操作程序、数据记录与统计、判定规则。

本标准适用于玉米自交系和单交种的 SSR 指纹数据采集及品种鉴定，其他杂交种类型及群体和开放授粉品种可参考本标准。

2 规范性引用文件

下列文件对于本文件的应用是必不可少的。凡是注日期的引用文件，仅注日期的版本适用于本文件。凡是不注日期的引用文件，其最新版本（包括所有的修改单）适用于本文件。

GB/T 6682 中国实验室用水国家标准。

3 术语和定义

下列术语和定义适用于本文件。

3.1 核心引物 core primer

品种鉴定中优先选用的一套 SSR 引物，具有多态性高、重复性好等综合特性。

3.2 参照品种 reference variety

具有所用 SSR 位点上不同等位变异的品种。参照品种用于辅助确定待测样品的等位变异，校正仪器设备的系统误差。

4 原理

由于不同玉米品种遗传组成不同，基因组 DNA 中简单重复序列的重复次数存在差异，这种差异可通过 PCR 扩增及电泳方法进行检测，从而能够区分不同玉米品种。

5 仪器设备及试剂

见附录 5A。

6 溶液配制

见附录 5B。

7 引物信息

核心引物名单及序列见附录 5C，核心引物等位变异等相关信息参见附录 5D。

8 参照品种信息

参见附录 5E。

9 操作程序

9.1 样品制备

送验样品可为种子、幼苗、叶片、苞叶、果穗等组织或器官。对玉米自交系和单交种，随机数取至少 20 个个体组成的混合样品进行分析，或直接对至少 5 个个体单独进行分析；对于其他杂交种类型，随机数取至少 20 个个体单独进行分析。

9.2 DNA 提取

CTAB 提取法：幼苗或叶片 200～300 mg，置于 2.0 mL 离心管，加液氮充分研磨，或取种子充分磨碎，移入 2.0 mL 离心管；每管加入 700 μL 65℃预热的 CTAB 提取液后，充分混合，65℃保温 60 min，其间多次颠倒混匀；每管加入等体积的三氯甲烷/异戊醇混合液，充分混合后，静置 10 min；12 000 g 离心 15 min 后，吸取上清液至一新离心管，再加入等体积预冷的异丙醇，颠倒离心管数次，在－20℃放置 30 min；4℃，12 000 g 离心 10 min，弃上清液；加入 70％乙醇，旋转离心管数次，弃去乙醇；将离心管倒立于垫有滤纸的实验台上，室温干燥沉淀 6 h 以上；加入 100 μL 超纯水或 TE 缓冲液，充分溶解后备用。

SDS 提取法：剥取干种子的胚，放入 1.5 mL 离心管中，加入 100 μL 氯仿后研磨，加入 300 μL SDA 提取液，混匀后于 10 000 g 离心 2 min，吸上清液加入预先装有 300 μL 异丙醇和 300 μL NaCl 溶液的 1.5 mL 离心管中，待 DNA 成团后挑出，经 70％乙醇洗涤后加入 200 μL TE 缓冲液，待充分溶解后备用。

试剂盒提取法：使用经验证适合 SSR 指纹技术的商业试剂盒，按照试剂盒的使用说明操作。

注：以上为推荐的DNA提取方法，其他达到PCR扩增质量要求的DNA提取方法均适用。

9.3 PCR扩增

9.3.1 引物选择

首先选择附录5C中前20对引物进行检测，当样品间检测出的差异位点数小于2时，再选用附录5C中后20对引物进行检测；必要时，进一步选择特定标记进行检测。

9.3.2 反应体系

各组分的终浓度如下：每种dNTP 0.10 mmol/L，正向、反向引物各0.24 μmol/L，Taq DNA聚合酶0.04 U/μL，1×PCR缓冲液（含 Mg^{2+} 2.5 mmol/L），DNA溶液2.5 ng/μL，其余以超纯水补足至所需体积。如果PCR过程中不采用热盖程序，则反应液上加盖15 μL矿物油，以防止反应过程中水分蒸发。

9.3.3 反应程序

94℃预变性5 min，1个循环；94℃变性40 s，60℃退火35 s，72℃延伸45 s，共35个循环；72℃延伸10 min，4℃保存。

9.4 PCR产物检测

9.4.1 普通变性聚丙烯酰胺凝胶电泳（PAGE）

9.4.1.1 清洗玻璃板

将玻璃板反复擦洗干净，双蒸水擦洗2遍，95%乙醇擦洗2遍，干燥。在长板上涂上0.5 mL亲和硅烷工作液，带凹槽的短板上涂0.5 mL剥离硅烷工作液。操作过程中防止两块玻璃板互相污染。

9.4.1.2 组装电泳版

待玻璃板彻底干燥后组装电泳板，并用水平仪调平。

9.4.1.3 灌胶

在100 mL 4.5% PAGE胶中加入TEMED和25%过硫酸铵各100 μL，迅速混匀后灌胶。待胶流动到下部，在上部轻轻地插入梳子，使其聚合至少1 h以上。灌胶时应匀速以防止出现气泡。

9.4.1.4 预电泳

在正极槽（下槽）中加入1×TBE缓冲液600 mL，在负极槽（上槽）加入预热至65℃的1×TBE缓冲液600 mL，拔出梳子。在90 W恒功率下，预电泳10～20 min。

9.4.1.5 变性

在20 μL PCR产物中加入4 μL 6×加样缓冲液，混匀后，在PCR仪上运行变性程序：95℃变性5min，4℃冷却10 min以上。

9.4.1.6 电泳

用移液器吹吸加样槽，清除气泡和杂质，插入样品梳子。每一个加样孔点入5 μL

样品。80 W 恒功率电泳至上部的指示带（二甲苯青）到达胶板的中部。电泳结束后，小心分开两块玻璃板，凝胶会紧贴在长板上。

注：预期扩增产物片段大小在 150 bp 以下时电泳时间应适当缩短，扩增产物片段大小在 300 bp 以上时电泳时间应适当延长。

9.4.1.7　银染

a. 固定：固定液中轻轻晃动 3 min；

b. 漂洗：双蒸水快速漂洗 1 次，不超过 10 s；

c. 染色：染色液中染色 5 min；

d. 漂洗：双蒸水快速漂洗，时间不超过 10 s；

e. 显影：显影液中轻轻晃动至带纹出现；

f. 定影：固定液中定影 5 min；

g. 漂洗：双蒸水漂洗 1 min。

9.4.2　荧光标记毛细管电泳

9.4.2.1　样品制备

等体积混合不同荧光标记扩增产物，混匀后从混合液中吸取 1 μL 加入 DNA 分析仪专用 96 孔板孔中。板中各孔分别加入 0.1 μL 分子量内标和 8.9 μL 去离子甲酰胺。将样品在 PCR 仪上 95℃变性 5 min，取出，立即置于碎冰上，冷却 10 min 以上。离心 10 s 后置放到 DNA 分析仪上。

9.4.4.2　电泳检测

按照仪器操作手册，编辑样品表，执行运行程序，保存数据。

10　数据记录与统计

10.1　数据记录

对普通变性聚丙烯酰胺凝胶电泳，将每个扩增位点的等位变异与参照品种的等位变异片段大小进行比较，确定样品在该位点的等位变异；对荧光标记毛细管电泳，通过参照品种消除同型号不同批次间或不同型号 DNA 分析仪间可能存在的系统误差，使用片段分析软件读取样品在该位点的等位变异。

纯合位点的基因型数据记录为 X/X，杂合位点的基因型数据记录为 X/Y，其中 X、Y 分别为该位点上两个等位变异，小片段数据在前，大片段数据在后；缺失位点基因型数据记录为 0/0。

示例 1：

样品在某个位点上仅出现一个等位变异，大小为 150 bp，在该位点的基因型记录为 150/150。

示例 2：

样品在某个位点上有两个等位变异，大小分别为 150 bp、160 bp，在该位点的基因型记录为150/160。

10.2 数据统计

当对送验样品混合DNA进行分析时，可直接进行品种间成对比较，如果样品某个引物位点出现可见的异质性且影响到差异位点判定时，可重新提取至少20个个体的DNA，并用该引物重新扩增，统计在该引物位点上不同个体的基因型（或等位变异）及所占比例。当对送检样品多个个体DNA进行分析时，应统计其在各引物位点的各种基因型（或等位变异）及所占比例。对单交种，应比较两个样品在各引物位点的基因型；对自交系，应比较两个样品在各引物位点的等位变异。

成对比较的数据统计记录表见附录5F。

11 判定规则

11.1 结果判定

当样品间差异位点数≥2，判定为“不同”；当样品间差异位点数=1，判定为“近似”；当样品间差异位点数=0，判定为“极近似或相同”。

对利用附录5C中40对引物仍未检测到个≥2个差异位点数的样品，如果相关品种存在特定标记，必要时增加其特定标记进行检测。

11.2 结果表述

比较位点数：________，比较位点为：________；差异位点数：________，差异位点为：________；判定为：________

附录5A

（规范性附录）

主要仪器设备及试剂

A.1 主要仪器设备

PCR扩增仪；高压电泳仪：规格为3 000 V、400 mA、400 W，具有恒电压、恒电流和恒功率功能；垂直电泳槽及配套的制胶附件；普通电泳仪；水平电泳槽及配套的制胶附件；高速冷冻离心机：最大离心力不小于15 000 g；水平摇床；胶片观察灯；电子天平：感应为0.01 g、0.001 g；微量移液器：规格分别为10 μL、20 μL、100 μL、200 μL、1 000 μL、连续可调；磁力搅拌器；紫外分光光度计：波长260 nm、280 nm；微波炉；高压灭菌锅；酸度计；水浴锅或金属浴：控温精度±1℃；冰箱：最低温度−20℃；制冰机；凝胶成像系统或紫外透射仪；DNA分析仪：基于毛细管电泳，有片段分析功能和数据分析软件，能够分辨1个核苷酸大小的差异。

A.2 主要试剂

十六烷基三乙基溴化铵（CTAB）；三氯甲烷；异丙醇；异戊醇；乙二胺四乙酸二

钠；三羟甲基氨基甲烷；盐酸37%；氢氧化钠；氯化钠；10×Buffer缓冲液：含Mg^{2+} 25 mmol/L；4种脱氧核苷三磷酸：dATP、dTTP、dGTP、dCTP、d（10 mmol/L each）；Taq DNA聚合酶；矿物油；琼脂糖；DNA分子量标准；核酸染色剂；去离子甲酰胺；溴酚蓝；二甲苯青；甲叉双丙烯酰胺；丙烯酰胺；硼酸；尿素；亲和硅烷；剥离硅烷；无水乙醇；四甲基乙二胺；过硫酸铵；冰醋酸；乙酸铵；硝酸银；甲醛；DNA分析仪专用丙烯酰胺胶液；DNA分析仪专用分子量内标Liz标记；DNA分析仪专用电泳缓冲液。

附录5B

（规范性附录）

溶液配制

B.1　DNA提取溶液的配制

B.1.1　0.5 mol/L EDTA溶液

186.1 g $Na_2EDTA \cdot 2H_2O$溶于800 mL水中，用固体NaOH调pH至8.0，定容至1 000 mL，高压灭菌。

B.1.2　1 mol/L Tris-HCl溶液

60.55 g Tris碱溶于适量水中，加HCl调pH至8.0，定容至500 mL，高压灭菌。

B.1.3　0.5 mol/L HCl溶液

25 mL浓盐酸（36%～38%），加水定容至500 mL。

B.1.4　CTAB提取液

81.7 g氯化钠和20 g CTAB溶于适量水中，然后加入1 mol/L Tris-HCl 100 mL，0.5 mol/L EDTA 40 mL，定容至1 000 mL，4℃贮存。

B.1.5　SDS提取液

1 mol/L Tris-HCl 50 mL，0.5 mol/L EDTA 50 mL，5 mol/L NaCl 50 mL，SDS 7.5 g，定容至500 mL。

B.1.6　TE缓冲液

1 mol/L Tris-HCl 5 mL，0.5 mol/L EDTA 1 mL，加HCl调pH至8.0，定容至500 mL。

B.1.7　5 mol/L NaCl溶液

146 g固体NaCl溶于水中，加水定容至500 mL。

B.2　PCR扩增溶液的配制

B.2.1　dNTP

用超纯水分别配制A、G、C、T终浓度100 mmol/L的储存液。各取20 μL混合，用超纯水720 μL定容至终浓度2.5 mmol/L each的工作液。

B. 2. 2　SSR 引物

用超纯水分别配制前引物和后引物终浓度均 40 μmol/L 的储存液，等体积混合成 20 μmol/L 的工作液。

注：干粉配制前应首先快速离心。

B. 2. 3　6×加样缓冲液

去离子甲酰胺 49 mL，0. 5 mol/L 的 EDTA 溶液（pH 8. 0）1 mL，溴酚蓝 0. 125 g，二甲苯青 0. 125 g。

B. 3　变性聚丙烯酰胺凝胶电泳溶液的配制

B. 3. 1　40% PAGE 胶

丙烯酰胺 190 g 和甲叉双丙烯酰胺 10 g，定容至 500 mL。

B. 3. 2　4. 5% PAGE 胶

尿素 450 g，10×TBE 缓冲液 100 mL，40% PAGE 胶 112. 5 mL，定容至 1 000 mL。

B. 3. 3　Bind 缓冲液

49. 75 mL 无水乙醇和 250 μL 冰醋酸，加水定容至 50 mL。

B. 3. 4　亲和硅烷工作液

在 1 mL Bind 缓冲液中加入 5 μL Bind 原液，混匀。

B. 3. 5　剥离硅烷工作液

2%二甲基二氯硅烷。

B. 3. 6　25%过硫酸铵溶液

0. 25 g 过硫酸铵溶于 1 mL 超纯水中。

B. 3. 7　10×TBE 缓冲液

三羟甲基氨基甲烷（Tris 碱）108 g，硼酸 55 g，0. 5 mol/L EDTA 溶液 37 mL，定容至 1 000 mL。

B. 3. 8　1×TBE 缓冲液

取 10×TBE 缓冲液 500 mL，加水定容至 5 000 mL。

B. 4　银染溶液的配制

B. 4. 1　固定液

100 mL 冰醋酸，加水定容至 1 000 mL。

B. 4. 2　染色液

称取 2 g 硝酸银，加水定容至 1 000 mL。

B. 4. 3　显影液

量取 1 000 mL 蒸馏水中，加入 30 g 氢氧化钠和 5 mL 甲醛，混匀。

注：除银染溶液的配制可使用符合 GB/T 6682 规定的三级水外，试验中仅使用确认为分析纯的试剂和 GB/T 6682 规定的一级水。

附录 5C

(规范性附录)

核心引物名单及序列

核心引物名单及序列见附表 5-1

附表 5-1　核心引物名单及序列

编号	引物名称	染色体位置	引物序列
P01	bnlg439w1	1.03	上游:AGTTGACATCGCCATCTTGGTGAC 下游:GAACAAGCCCTTAGCGGGTTGTC
P02	umc1335y5	1.06	上游:CCTCGTTACGGTTACGCTGCTG 下游:GATGACCCCGCTTACTTCGTTTATG
P03	umc2007y4	2.04	上游:TTACACAACGCAACACGAGGC 下游:GCTATAGGCCGTAGCTTGGTAGACAC
P04	bnlg1940k7	2.08	上游:CGTTTAAGAACGGTTGATTGCATTCC 下游:GCCTTTATTTCTCCCTTGCTTGCC
P05	umc2105k3	3.00	上游: GAAGGGCAATGAATAGAGCCATGAG 下游:ATGGACTCTGTGCGACTTGTACCG
P06	phi053k2	3.05	上游:CCCTGCCTCTCAGATTCAGAGATTG 下游:TAGGCTGGCTGGAAGTTTGTTGC
P07	phi072k4	4.01	上游:GCTCGTCTCCTCCAGGTCAGG 下游:CGTTGCCCATACATCATGCCTC
P08	bnlg2291k4	4.06	上游:GCACACCCGTAGTAGCTGAGACTTG 下游: CATAACCTTGCCTCCCAAACCC
P09	umc1705w1	5.03	上游:GGAGGTCGTCAGATGGAGTTCG 下游:CACGTACGGCAATGCAGACAAG
P10	bnlg2305k4	5.07	上游:CCCCTCTTCCTCAGCACCTTG 下游:CGTCTTGTCTCCGTCCGTGTG
P11	bnlg161k8	6.00	上游:TCTCAGCTCCTGCTTATTGCTTTCG 下游:GATGGATGGAGCATGAGCTTGC
P12	bnlg1702k1	6.05	上游:GATCCGCATTGTCAAATGACCAC 下游:AGGACACGCCATCGTCATCA
P13	umc1545y2	7.00	上游:AATGCCGTTATCATGCGATGC 下游:GCTTGCTGCTTCTTGAATTGCGT
P14	umc1125y3	7.04	上游:GGATGATGGCGAGGATGATGTC 下游:CCACCAACCCATACCCATACCAG
P15	bnlg240k1	8.06	上游:GCAGGTGTCGGGGATTTTCTC 下游:GGAACTGAAGAACAGAAGGCATTGATAC
P16	phi080k15	8.08	上游:TGAACCACCCGATGCAACTTG 下游:TTGATGGGCACGATCTCGTAGTC
P17	phi065k9	9.03	上游:CGCCTTCAAGAATATCCTTGTGCC 下游:GGACCCAGACCAGGTTCCACC
P18	umc1492y13	9.04	上游:GCGGAAGAGTAGTCGTAGGGCTAGTGTAG 下游:AACCAAGTTCTTCAGACGCTTCAGG

续附表5-1

编号	引物名称	染色体位置	引物序列
P19	umc1432y6	10.02	上游:GAGAAATCAAGAGGTGCGAGCATC 下游:GGCCATGATACAGCAAGAAATGATAAGC
P20	umc1506k12	10.05	上游:GAGGAATGATGTCCGCGAAGAAG 下游:TTCAGTCGAGCGCCCAACAC
P21	umc1147y4	1.07	上游:AAGAACAGGACTACATGAGGTGCGATAC 下游:GTTTCCTATGGTACAGTTCTCCCTCGC
P22	bnlg1671y17	1.10	上游:CCCGACACCTGAGTTGACCTG 下游:CTGGAGGGTGAAACAAGAGCAATG
P23	phi96100y1	2.00	上游:TTTTGCACGAGCCATCGTATAACG 下游:CCATCTGCTGATCCGAATACCC
P24	umc1536k9	2.07	上游:TGATAGGTAGTTAGCATATCCCTGGTATCG 下游:GAGCATAGAAAAAGTTGAGGTTAATATGGAGC
P25	bnlg1520k1	2.09	上游:CACTCTCCCTCTAAAATATCAGACAACACC 下游:GCTTCTGCTGCTGTTTTGTTCTTG
P26	umc1489y3	3.07	上游:GCTACCCGCAACCAAGAACTCTTC 下游:GCCTACTCTTGCCGTTTTACTCCTGT
P27	bnlg490y4	4.04	上游:GGTGTTGGAGTCGCTGGGAAAG 下游:TTCTCAGCCAGTGCCAGCTCTTATTA
P28	umc1999y3	4.09	上游:GGCCACGTTATTGCTCATTTGC 下游:GCAACAACAAATGGGATCTCCG
P29	umc2115k3	5.02	上游:GCACTGGCAACTGTACCCATCG 下游:GGGTTTCACCAACGGGGATAGG
P30	umc1429y7	5.03	上游:CTTCTCCTCGGCATCATCCAAAC 下游:GGTGGCCCTGTTAATCCTCATCTG
P31	bnlg249k2	6.01	上游:GGCAACGGCAATAATCCACAAG 下游:CATCGGCGTTGATTTCGTCAG
P32	phi299852y2	6.07	上游:AGCAAGCAGTAGGTGGAGGAAGG 下游:AGCTGTTGTGGCTCTTTGCCTGT
P33	umc2160k3	7.01	上游:TCATTCCCAGAGTGCCTTAACACTG 下游:CTGTGCTCGTGCTTCTCTCTGAGTATT
P34	umc1936k4	7.03	上游:GCTTGAGGCGGTTGAGGTATGAG 下游:TGCACAGAATAAACATAGGTAGGTCAGGTC
P35	bnlg2235y5	8.02	上游:CGCACGGCACGATAGAGGTG 下游:AACTGCTTGCCACTGGTACGGTCT
P36	phi233376y1	8.09	上游:CCGGCAGTCGATTACTCCACG 下游:CAGTAGCCCCTCAAGCAAAACATTC
P37	umc2084w2	9.01	上游:ACTGATCGCGACGAGTTAATTCAAAC 下游:TACCGAAGAACAACGTCATTTCAGC
P38	umc1231k4	9.05	上游:ACAGAGGAACGACGGGACCAAT 下游:GGCACTCAGCAAAGAGCCAAATTC
P39	phi041y6	10.00	上游:CAGCGCCGCAAACTTGGTT 下游:TGGACGCGAACCAGAAACAGAC
P40	umc2163w3	10.04	上游:CAAGCGGGAATCTGAATCTTTGTTC 下游:CTTCGTACCATCTTCCCTACTTCATTGC

附录 5D

（资料性附录）

核心引物相关信息

核心引物相关信息见附表 5-2。

附表 5-2　核心引物相关信息

引物编号	引物名称	推荐荧光类型	等位变异范围，bp	等位变异 bp	等位变异频率	参照品种名称	参照品种基因型数据
P01	bnlg439w1	NED	320～368	320	0.007	绵单 1 号	320/350
				322	0.115	郑单 958	322/354
				325	0.085	农大 108	325/350
				331	0.004		
				335	0.027	桂青贮 1 号	335/350
				339	0.009		
				344	0.078	农华 101	344/350
				346	0.034	辽单 527	322/346
				348	0.028		
				350	0.348	先玉 335	350/350
				352	0.035		
				354	0.14	郑单 958	322/354
				356	0.027		
				358	0.023	蠡玉 16	350/358
				362	0.014	遵糯 1 号	325/362
				366	0.019		
				368	0.009	金玉甜 1 号	344/368
P02	umc1335y5	PET	234～254	234	0.076	绵单 1 号	234/234
				238	0.074	京玉 7 号	238/238
				240	0.681	浚单 20	240/240
				252	0.161	郑单 958	252/252
				254	0.009	本玉 9 号	254/254
P03	umc2007y4	FAM	238～292	238	0.025	正大 619	238/282
				246	0.085	川单 14	246/250
				248	0.157	郑单 958	248/255

续附表 5-2

引物编号	引物名称	推荐荧光类型	等位变异范围,bp	等位变异bp	等位变异频率	参照品种名称	参照品种基因型数据
P03	umc2007y4	FAM	238～292	250	0.094	先玉 335	250/255
				252	0.041		
				255	0.435	郑单 958	248/255
				257	0.009		
				260	0.03	遵糯 1 号	238/260
				264	0.046	蠡玉 16	255/264
				266	0.007		
				270	0.002	屯玉 27	255/270
				273	0.021		
				279	0.005	金玉甜 1 号	252/279
				282	0.005	正大 619	238/282
				284	0.032	兴垦 10	246/284
				288	0.005		
				292	0.002	奥玉 28	284/292
P04	bnlg1940k7	PET	344～386	344	0.018	正大 619	344/363
				346	0.11	中科 4 号	346/360
				348	0.247	郑单 958	348/363
				351	0.021		
				353	0.051	成单 22	353/363
				355	0.035		
				360	0.269	先玉 335	360/360
				363	0.159	郑单 958	348/363
				365	0.007		
				367	0.004	奥玉 28	360/367
				369	0.004	金海 5 号	360/369
				371	0.002		
				379	0.057	本玉 9 号	353/379
				386	0.018	京科 968	386/386

续附表 5-2

引物编号	引物名称	推荐荧光类型	等位变异范围,bp	等位变异bp	等位变异频率	参照品种名称	参照品种基因型数据
P05	umc2105k3	PET	288～335	288	0.018	本玉 9 号	288/317
				290	0.376	郑单 958	290/335
				292	0.233	中科 4 号	292/335
				294	0.049	农华 101	294/317
				299	0.002		
				302	0.019	绵单 1 号	292/302
				305	0.044	万糯 1 号	305/323
				309	0.005		
				317	0.115	先玉 335	290/317
				323	0.085	浚单 20	323/335
				335	0.053	郑单 958	290/335
P06	phi053k2	NED	333～362	333	0.032	万糯 1 号	333/336
				336	0.39	郑单 958	336/362
				341	0.053	奥玉 28	341/362
				343	0.329	浚单 20	343/362
				357	0.023	正大 619	343/357
				362	0.173	郑单 958	336/362
P07	phi072k4	VIC	410～430	410	0.622	郑单 958	410/410
				416	0.018	正大 619	416/420
				420	0.088	正大 619	416/420
				422	0.049	蠡玉 16	422/430
				426	0.035		
				430	0.187	蠡玉 16	422/430
P08	bnlg2291k4	VIC	364～404	364	0.314	郑单 958	364/380
				374	0.014	金玉甜 1 号	374/376
				376	0.009	金玉甜 1 号	374/376
				378	0.012		
				380	0.175	郑单 958	364/380
				382	0.26	农华 101	382/404
				386	0.012	蠡玉 6 号	386/404

续附表 5-2

引物编号	引物名称	推荐荧光类型	等位变异范围,bp	等位变异 bp	等位变异频率	参照品种名称	参照品种基因型数据
P08	bnlg2291k4	VIC	364～404	388	0.002		
				390	0.005	川单 14	390/404
				396	0.021		
				404	0.175	农华 101	382/404
P09	umc1705w1	VIC	269～319	269	0.035	万糯 1 号	269/275
				271	0.016		
				273	0.269	郑单 958	273/275
				275	0.14	郑单 958	273/275
				279	0.034	川单 14	279/301
				289	0.011		
				291	0.021	中科 4 号	273/291
				293	0.005		
				297	0.004	郑加甜 5039	275/297
				299	0.004		
				301	0.228	浚单 20	275/301
				303	0.005		
				311	0.012	京科甜 126	273/311
				319	0.217	先玉 335	319/319
P10	bnlg2305k4	NED	244～290	244	0.039	中科 4 号	244/268
				248	0.15	郑单 958	248/252
				252	0.283	郑单 958	248/252
				254	0.009	正大 619	248/254
				260	0.06	绵单 1 号	252/260
				262	0.141	成单 22	252/262
				268	0.186	农华 101	252/268
				274	0.027	本玉 9 号	262/274
				281	0.002		
				290	0.104	先玉 335	252/290

续附表 5-2

引物编号	引物名称	推荐荧光类型	等位变异范围,bp	等位变异bp	等位变异频率	参照品种名称	参照品种基因型数据
P11	bnlg161k8	VIC	154～219	154	0.004	成单 22	154/183
				158	0.064	中科 10	158/181
				165	0.177	农华 101	165/173
				170	0.002		
				173	0.196	郑单 958	173/197
				175	0.018		
				177	0.069	浚单 20	177/197
				179	0.002		
				181	0.064	辽单 527	173/181
				183	0.125	先玉 335	173/183
				185	0.083	成单 19	165/185
				187	0.009		
				189	0.014	金海 5 号	177/189
				191	0.037		
				193	0.002	遵糯 1 号	183/193
				195	0.012		
				197	0.085	郑单 958	173/197
				199	0.012		
				201	0.016	金玉甜 1 号	158/201
				211	0.005		
				212	0.002	雅玉青贮 04889	158/211
				219	0.004	资玉 3 号	219/219
P12	bnlg1702k1	VIC	265～319	265	0.267	先玉 335	265/265
				267	0.099	成单 19	267/305
				269	0.007		
				272	0.012	雅玉青贮 04889	265/272
				274	0.152	浚单 20	274/276
				276	0.147	郑单 958	276/299
				278	0.005	正大 619	278/278
				280	0.046	川单 14	274/280

续附表 5-2

引物编号	引物名称	推荐荧光类型	等位变异范围,bp	等位变异 bp	等位变异频率	参照品种名称	参照品种基因型数据
P12	bnlg1702k1	VIC	265～319	282	0.005	兴垦 10	265/282
				284	0.021	金玉甜 1 号	284/289
				287	0.004		
				289	0.002	金玉甜 1 号	284/289
				292	0.065	农华 101	265/292
				299	0.102	郑单 958	276/299
				305	0.06	中科 4 号	276/305
				313	0.002		
				319	0.004	农乐 988	276/319
P13	umc1545y2	NED	190～246	190	0.148	先玉 335	190/206
				202	0.226	郑单 958	202/212
				206	0.375	先玉 335	190/206
				212	0.177	郑单 958	202/212
				229	0.011		
				246	0.064	农大 108	206/246
P14	umc1125y3	VIC	150～173	150	0.027	川单 14	150/173
				152	0.155	先玉 335	152/173
				154	0.253	郑单 958	154/173
				169	0.168	农大 108	169/173
				173	0.398	郑单 958	154/173
P15	bnlg240k1	PET	221～239	221	0.216	郑单 958	221/237
				229	0.069	农大 108	229/233
				231	0.08	正大 619	231/237
				233	0.147	农大 108	229/233
				235	0.074	成单 22	231/235
				237	0.376	郑单 958	221/237
				239	0.037	金玉甜 1 号	233/239

续附表 5-2

引物编号	引物名称	推荐荧光类型	等位变异范围,bp	等位变异 bp	等位变异频率	参照品种名称	参照品种基因型数据
P16	phi080k15	PET	202～227	202	0.032	郑单 958	202/222
				207	0.012		
				212	0.092	中科 4 号	212/212
				217	0.495	先玉 335	217/217
				222	0.217	郑单 958	202/222
				227	0.152	农华 101	217/227
P17	phi065k9	NED	393～413	393	0.362	郑单 958	393/413
				403	0.005		
				408	0.15	先玉 335	408/413
				413	0.482	郑单 958	393/413
P18	umc1492y13	PET	275～284	275	0.014	正大 619	275/284
				278	0.843	农华 101	278/284
				284	0.143	农华 101	278/284
P19	umc1432y6	PET	220～240	220	0.041	农华 101	220/222
				222	0.726	郑单 958	222/240
				224	0.023	遵糯 1 号	220/224
				230	0.062	本玉 9 号	222/230
				240	0.136	郑单 958	222/240
				257	0.012	奥玉 28	222/257
P20	umc1506k12	FAM	166～190	166	0.014	遵糯 1 号	166/166
				169	0.092	川单 14	169/176
				173	0.037	金海 5 号	173/176
				176	0.164	金海 5 号	173/176
				179	0.2	成单 19	179/185
				185	0.373	先玉 335	185/190
				190	0.12	先玉 335	185/190
P21	umc1147y4	NED	154～168	154	0.804	先玉 335	154/168
				168	0.196	先玉 335	154/168

续附表 5-2

引物编号	引物名称	推荐荧光类型	等位变异范围,bp	等位变异bp	等位变异频率	参照品种名称	参照品种基因型数据
P22	bnlg1671y17	FAM	175～230	175	0.133	中科 4 号	175/184
				179	0.034		
				184	0.23	郑单 958	184/194
				186	0.041		
				194	0.322	郑单 958	184/194
				207	0.005		
				209	0.009	金海 5 号	194/209
				211	0.081	本玉 9 号	184/211
				213	0.051	中科 10	213/123
				215	0.072	蠡玉 6 号	184/215
				218	0.007		
				230	0.016	金甜 678	230/230
P23	phi96100y1	FAM	245～277	245	0.034	桂青贮 1 号	245/257
				253	0.373	先玉 335	253/266
				257	0.064	蠡玉 16	257/266
				259	0.002		
				262	0.049	农华 101	253/262
				266	0.42	先玉 335	253/266
				273	0.041	金海 5 号	266/273
				277	0.018	鲜玉糯 2 号	253/277
P24	umc1536k9	NED	216～238	216	0.014	成单 22	216/224
				222	0.398	先玉 335	222/222
				224	0.053	成单 22	216/224
				233	0.38	郑单 958	233/238
				238	0.155	郑单 958	233/238
P25	bnlg1520k1	FAM	160～195	160	0.011	铁单 20	160/173
				165	0.329	郑单 958	165/173
				171	0.012		
				173	0.426	郑单 958	165/173
				176	0.004		

续附表 5-2

引物编号	引物名称	推荐荧光类型	等位变异范围,bp	等位变异 bp	等位变异频率	参照品种名称	参照品种基因型数据
P25	bnlg1520k1	FAM	160～195	179	0.041	先玉 335	165/179
				183	0.009		
				187	0.012	正大 619	173/187
				189	0.005		
				191	0.104	农大 108	173/191
				193	0.046		
				195	0.002	川单 14	173/195
P26	umc1489y3	NED	230～265	230	0.673	农华 101	230/253
				245	0.122	辽单 527	230/245
				253	0.189	农华 101	230/253
				265	0.016	遵糯 1 号	230/265
P27	bnlg490y4	NED	271～330	271	0.406	先玉 335	271/294
				294	0.203	先玉 335	271/294
				297	0.095	成单 22	297/328
				301	0.018	辽单 527	294/301
				308	0.014		
				328	0.214	郑单 958	328/328
				330	0.049	兴垦 10	294/330
P28	umc1999y3	FAM	176～200	176	0.521	先玉 335	176/197
				182	0.03		
				185	0.007	金玉甜 1 号	185/191
				188	0.004		
				191	0.101	中科 4 号	176/191
				197	0.336	先玉 335	176/197
				200	0.002	郑青贮 1 号	176/200
P29	umc2115k3	VIC	270～293	270	0.222	郑单 958	270/275
				275	0.362	郑单 958	270/275
				278	0.163	农华 101	275/278
				283	0.149	中科 4 号	283/288
				288	0.098	中科 4 号	283/288

续附表 5-2

引物编号	引物名称	推荐荧光类型	等位变异范围,bp	等位变异 bp	等位变异频率	参照品种名称	参照品种基因型数据
P29	umc2115k3	VIC	270～293	291	0.002		
				293	0.005	成单 19	270/293
P30	umc1429y7	VIC	126～144	126	0.571	先玉 335	126/144
				134	0.115	郑单 958	134/144
				136	0.037		
				144	0.277	郑单 958	134/144
P31	bnlg249k2	VIC	261～301	261	0.005	鄂玉 25	261/265
				263	0.373	先玉 335	263/275
				265	0.129	郑单 958	265/269
				269	0.053	郑单 958	265/269
				275	0.072	先玉 335	263/275
				278	0.078	蠡玉 16	278/297
				280	0.074	川单 14	263/280
				282	0.088	京科 968	275/282
				285	0.016		
				291	0.002	济单 94-2	278/291
				293	0.002		
				297	0.104	浚单 20	269/297
				301	0.004	兴垦 10	263/301
P32	phi299852y2	VIC	210～251	210	0.002	桂青贮 1 号	210/225
				222	0.284	郑单 958	222/228
				225	0.256	农大 108	225/228
				228	0.071	郑单 958	222/228
				233	0.046		
				234	0.235	先玉 335	234/234
				239	0.055	万糯 1 号	239/239
				246	0.004		
				251	0.048	辽单 527	234/251

续附表 5-2

引物编号	引物名称	推荐荧光类型	等位变异范围，bp	等位变异 bp	等位变异频率	参照品种名称	参照品种基因型数据
P33	umc2160k3	VIC	199～244	199	0.009	绵单1号	199/205
				205	0.163	郑单958	205/207
				207	0.277	郑单958	205/207
				213	0.016		
				215	0.194	先玉335	207/215
				224	0.011	金玉甜1号	224/244
				230	0.011		
				232	0.044	蠡玉16	232/244
				234	0.004		
				237	0.002	京科甜126	207/237
				242	0.004		
				244	0.267	浚单20	205/244
P34	umc1936k4	PET	156～184	156	0.239	先玉335	156/170
				170	0.606	先玉335	156/170
				172	0.012		
				174	0.094	正大619	174/174
				176	0.025		
				178	0.016	济单94-2	170/178
				180	0.002		
				184	0.005	兴垦10	170/184
P35	bnlg2235y5	VIC	175～193	175	0.226	农大108	175/183

附录 5E

（资料性附录）

参照品种名单及来源

参照品种名单及来源见附表 5-3。

附表 5-3 参照品种名单及来源

编号	品种名称	国家库编号	分组	编号	品种名称	国家库编号	分组
R01	浚单 20	S1G01057	核心	R21	万糯 1 号	S1G00256	扩展
R02	农华 101	S1G01969	核心	R22	遵糯 1 号	S1G01666	扩展
R03	中科 4 号	S1G01120	核心	R23	农乐 988	S1G01052	扩展
R04	正大 619	S1G01514	核心	R24	郑青贮 1 号	S1G01059	扩展
R05	农大 108	S1G01237	核心	R25	济单 94-2	S1G01070	扩展
R06	郑单 958	S1G01076	核心	R26	郑加甜 5039	S1G01073	扩展
R07	蠡玉 16	S1G00275	核心	R27	金玉甜 1 号	S1G01199	扩展
R08	先玉 335	S1G00011	核心	R28	京科甜 126	S1G01218	扩展
R09	京科 968	S1G00859	核心	R29	金甜 678	S1G01231	扩展
R10	金海 5 号	S1G00523	核心	R30	桂青贮 1 号	S1G01508	扩展
R11	蠡玉 6 号	S1G00272	核心	R31	鄂玉 25	S1G01590	扩展
R12	辽单 527	S1G00042	核心	R32	雅玉青贮 04889	S1G01896	扩展
R13	成单 22	S1G01857	核心	R33	屯玉 27	S1G02343	扩展
R14	绵单 1 号	S1G01866	核心	R34	鲜玉糯 2 号	S1G00001	扩展
R15	本玉 9 号	S1G00177	核心	R35	铁单 20	S1G00087	扩展
R16	川单 14	S1G01865	核心	R36	兴垦 10	S1G00412	扩展
R17	成单 19	S1G01952	核心	R37	资玉 3 号	S1G01906	扩展
R18	奥玉 28	S1G01891	核心	R38	苏玉糯 8 号	S1G02512	扩展
R19	京玉 7 号	S1G01221	核心	R39	豫爆 2 号	S1G01068	扩展
R20	中科 10	S1G01214	核心	R40	三北 9 号	S1G00231	扩展

注 1：同一名称不同来源的参照品种在某一位点上的等位变异可能不相同，如果使用了同名的其他来源的参照品种，应与原参照品种核对，确认无误后使用。

注 2：多个品种在某一 SSR 位点上可能具有相同的等位变异，在确认这些品种该位点等位变异大小与参照品种相同后，这些品种也可以代替附录 5E 中的参照品种使用。

注 3：参照品种共 40 个，覆盖了几乎全部的等位变异，分为核心和扩展两组，核心参照品种共 20 个，包涵了基因频率在 0.05 以上的所有等位变异；扩展参照品种共 20 个，主要补充基因频率在 0.05 以下的稀有等位变异。荧光毛细管电泳只需从核心参照品种名单中选择部分或全部使用，普遍变性聚丙烯酰胺凝胶电泳需要将核心参照品种和扩展参照品种组合起来使用。

附录 5F

（规范性附录）

数据统计记录表

数据统计记录见附表 5-4。

附表 5-4　数据统计记录表

样品 1 编号、名称及来源：

样品 2 编号、名称及来源：

编号	引物名称	指纹数据		是否存在差异	备注
		样品 1	样品 2		
P01	bnlg439w1				
P02	umc1335y5				
P03	umc2007y4				
P04	bnlg1940k7				
P05	umc2105k3				
P06	Phi053k2				
P07	phi072k4				
P08	bnlg2291k4				
P09	umc1705w1				
P10	bnlg2305k4				
P11	bnlg161k8				
P12	bnlg1702k1				
P13	umc1545y2				
P14	umc1125y3				
P15	bnlg240k1				
P16	phi080k15				
P17	Phi065k9				
P18	umc1492y13				
P19	umc1432y6				
P20	umc1506k12				

续附表5-4

编号	引物名称	指纹数据		是否存在差异	备注
		样品 1	样品 2		
P21	umc1147y4				
P22	bnlg1671y17				
P23	phi96100y1				
P24	umc1536k9				
P25	bnlg1520k1				
P26	umc1489y3				
P27	bnlg490y4				
P28	umc1999y3				
P29	umc2115k3				
P30	umc1429y7				
P31	bnlg249k2				
P32	phi299852y2				
P33	umc2160k3				
P34	umc1936k4				
P35	bnlg2235y5				
P36	phi233376y1				
P37	umc2084w2				
P38	umc1231k4				
P39	Phi041y6				
P40	umc2163w3				

比较位点数：______，差异位点数：______。

注 1：是否存在差异栏可填写是、否、无法判定、缺失。当样品在某个引物位点出现可见的异质性且影响到差异位点判定时，可填写无法判定，或重新提取至少 20 个个体的 DNA，并用该引物重新扩增，统计在该引物位点上不同个体的基因型（或等位变异）及所占比例后予以判定。

注 2：如果采用了备案的其他特征标记进行鉴定，可在记录表中依次添加。

注 3：当以两个自交系样品的组合作为待测样品时，指纹数据栏应填写两个自交系的指纹组合作为待测样品指纹。

附录6
种子活力测定——伸长胚根计数测定

1 范围

本标准适用于玉米等种子活力的测定。

2 规范性引用文件

下列文件对于本文件的应用是必不可少的。凡是注日期的引用文件，仅注日期的版本适用于本文件。凡是不注日期的引用文件，其最新版本（包括所有的修改单）适用于本文件。

GB/T 3543.1 农作物种子检验规程 第1部分：总则

GB/T 3543.3 农作物种子检验规程 第3部分：净度分析

GB/T 3543.4 农作物种子检验规程 第4部分：发芽试验

GB/T 3543.6 农作物种子检验规程 第6部分：水分测定

3 术语和定义

下列术语和定义适用于本文件。

3.1 种子活力 seed vigor

在广泛的环境条件下，决定高发芽率种子批出苗表现和性能的各种特性的总和。

注：种子活力是描述种子批出苗多个特性的一个概念，不是单一的测定特性。高活力种子批即使对该批种子。不是最适宜的环境条件，仍具有表现良好性能的潜力。种子活力特性至少包括以下内容：

（1）种子发芽和幼苗生长的速率和均匀度；

（2）种子在不利环境条件下的出苗能力；

（3）种子经贮藏后的性能，尤其是保持发芽能力。

3.2　活力测定 vigor test

在标准化条件下直接或间接测定种子批活力的程序。

注：直接测定是指在实验室中模拟逆境或其他条件下，记录出苗率或出苗速率。间接测定是指测定能提供与幼苗性能密切相关的种子其他性能的指标。

3.3　高发芽率 acceptable germination

在没有休眠的情况下，达到规定标准或具有可接受发芽水平的种子批。

3.4　出苗 seedling emergence

从种胚长出的幼苗已伸出土壤或其他种植介质的过程。

3.5　幼苗性能 seedling performance

幼苗从土壤或其他种植介质中伸出并发育成正常植株的能力。

4　原理

活力降低的种子，早期生理表现为种子发芽迟缓。发芽初期玉米种子的胚根伸长数量能准确反映发芽速率，并与发芽速率的其他表现指标密切相关。伸长胚根的种子数量多，则表明种子活力高；伸长胚根的种子数量少，则表明种子活力低。

5　仪器设备

5.1　发芽试验设备

能保持在（20±1)℃或（13±1)℃的培养箱。

5.2　纸巾和塑料袋

纸巾同发芽试验所用，塑料袋用于防止试验期间纸巾干燥。

6　测定程序

6.1　试验设置

设 8 个重复、每一重复 25 粒种子的纸巾卷进行正常发芽试验。每重复的种子摆成两排，一排 12 粒另一排 13 粒，种子的胚根部位朝向纸巾底部。将纸巾卷好垂直向上置于塑料袋中，在规定温度下培养。每次测定应设置对照。

6.2　试验温度

胚根伸长测定在（20±1)℃或（13±1)℃下进行。温度是试验中最关键的潜在变异因素，监控培养箱中纸巾卷的放置范围，每 24 h 监测一次温度并翻转纸巾卷。

6.3　计数时间

胚根伸长计数时间取决于试验温度。在 20℃下，培养 66 h±15 min 后计数。在 13℃下，培养（144±1）h 后计数。

注：在 20℃培养条件下由于胚根生长迅速，掌握好计数时间十分重要。计数需要花一定时间，在 20℃培养条件下，建议下午 3 点开始试验，第三天上午 9 点开始计数；

在13℃培养条件下，也要设置好试验开始时间。

7 结果计算与表示

以出现清晰和明显的伸长胚根作为评定的依据，用肉眼判定长度达到2 mm以上的种子进行计数，并换算成每重复的胚根计数百分率。

按照GB/T 3543. 4的方法，合并4个重复25粒种子为一个100粒的重复。如果两个100粒的重复间的胚根计数百分率的差异超过附表6-1中的容许差距，应重新试验。如果重新试验结果与第一次试验结果比较，未超过附表6-2中的容许差距，则填报两次试验的平均值。

附表6-1 两个100粒重复间的胚根计数的容许差距(2.5%显著水平的两尾测定)

胚根生长试验平均值		容许差距
51%～100%	0～50%	
99	2	4
98	3	5
96～97	4～5	6
95	6	7
93～94	7～8	8
90～92	9～11	9
88～89	12～13	10
84～87	14～17	11
81～83	18～20	12
76～80	21～25	13
69～75	26～32	14
55～68	33～46	15
51～54	47～50	16

附表6-2 同一实验室相同或不同送验样品两次200粒种子胚根计数的容许差距
(2.5%显著水平的两尾测定)

胚根生长试验平均值		容许差距
51%～100%	0～50%	
99	2	2
98	3	3
96～97	4～5	4
94～95	6～7	5
91～93	8～10	6
87～90	11～14	7
82～86	15～19	8
75～81	20～26	9
64～74	27～37	10
51～63	38～50	11

8 结果报告

结果填报为最接近的整数。结果为零，则填报为"0"。同时应填报试验中的培养温度和培养时间(单位为小时)。例如，在20℃下经66 h后，伸长的胚根数目为90%。

附录7 冷冻法测定玉米种子活力技术规程

1 范围

本标准规定了冷冻法测定玉米（*Zea mays* L.）种子活力的检测原则、检测方案、检测程序和结果报告。

本标准主要适用于普通玉米品种种子的活力测定，也可作为特用玉米品种种子活力测定的推荐方法。

2 规范性引用文件

下列文件对于本文件的应用是必不可少的。凡是注日期的引用文件，仅所注日期的版本适用于本文件。凡是不注日期的引用文件，其最新版本（包括所有的修改单）适用于本文件。

GB/T 3543.1 农作物种子检验规程 总则

GB/T 3543.2 农作物种子检验规程 扦样

GB/T 3543.4 农作物种子检验规程 发芽试验

GB/T 3543.6 农作物种子检验规程 水分测定

3 术语、定义和缩略语

下列术语、定义和缩略语适用于本标准。

3.1 种子活力 seed vigor

在广泛的田间条件下，决定种子迅速整齐出苗和长成正常幼苗潜在能力的总称。

3.2 种子批 seed lot

同一来源、同一品种、同一年度、同一时期收获和质量基本一致，并在规定数量之内的种子。

3.3　送验样品 submitted sample

送到种子检验机构检验、规定数量的样品。

3.4　试验样品（简称试样）working sample

在实验室中从送验样品中分出的部分样品，供测定某一检验项目之用。

3.5　冷冻测定 cold test（CT）

将种子置于低温和潮湿的土壤中经一定时间处理后移至适宜温度下生长，模拟早春田间逆境条件，观察种子发芽成苗的能力。

3.6　缩略语

CT：cold test，冷冻测定。

4　总则

在标准条件下，通过模拟播种后的低温田间环境条件，对试样进行逆境发芽试验。在此基础上统计发芽率，由发芽率的高低来评价种子批的活力水平，从而反映种子在低温田间条件下的出苗状况。

5　检测方案

5.1　总则

在严格控制条件下，对试验样品按模拟逆境处理、标准发芽、数据分析的程序进行检测。

按规定要求填报检测结果，检验报告应注明检测方案所规定的条件。

5.2　样品

送验样品为种子，重量应不低于 1 000 g 或不少于 25 000 粒。从送验样品中分取有代表性的试样不少于 200 粒。

5.3　检测平台

冷冻测定需在光照培养箱、人工气候箱或发芽室中低温发芽。

5.4　检测条件

活力测定应在有利于正确实施检测的控制条件下进行，包括但不限于下列条件：

（1）种子检验员具备熟悉所使用检测方法的知识和技能；

（2）所有仪器与使用的技术相适应，并已经过定期维护、验证和校准。

6　仪器设备

发芽纸：规格 380 mm×260 mm；

自封袋：规格 12 号，450 mm×340 mm；

人工气候箱：MGC-350-HP-2、RH-250-GS、HPG-400H；

电热鼓风干燥箱：PHG-9140A；

其他：25℃温室、放纸卷的塑料筐、金属杯、镊子、砂子（将用于试验的沙子进行筛选，去除有机物、碎石等杂质，清洗后放入烘箱内160℃烘干灭菌3 h，备用）、土壤（选择曾生长过玉米且腐殖质含量低的砂质壤土或壤质砂土，pH为6～8）、1.0%次氯酸钠溶液、温湿度计、玻璃棒。

7 冷冻测定（CT）检测程序

7.1 总则

按照国际规程，在最适温度和湿度条件下所做的发芽试验难以提供田间出苗的可靠预测。为此，需要有一个在次适条件下进行的测定。冷冻测定就是为此目的而被广泛应用的方法。冷冻测定模拟种子在田间早期萌发状态，将种子播入土中，放在低温条件下处理一定时间，而后转入适宜的温度进行发芽，观察和评价种子批的发芽出苗能力。高活力种子经低温处理后仍能发芽并长成正常幼苗，而低活力种子则不能发芽或发芽后不能长成正常幼苗。

7.2 种子样品的准备

随机选取玉米种子样品200粒，分成4次重复，每重复50粒。种子经杀菌剂（1.0%次氯酸钠消毒3 min，冲洗4次）处理，包衣种子无需处理。

7.3 发芽基质的准备

试验土壤用0.5 mm筛子过筛，土壤含水量需达到最大持水力的40%。将所需土和砂子按照质量比为1∶1配比混合均匀。土壤最大持水力测定方法为：用金属杯取土，带回实验室后在杯下垫一张滤纸，用皮筋固定在杯上，将杯放入盘子里，给盘中倒水，没过滤纸即可，隔天将杯中的土壤取出，放在已知重量的铝盒中称重，得到最大持水量时的土壤质量m_1，将铝盒（注意盒盖打开）放在烘箱中105℃烘干10 h以上至恒重，称重得到干土质量m_2。$(m_1-m_2)/m_2=$ 最大持水量。

7.4 播种

7.4.1 方法一：托盘法沙间播种

取托盘1个，装满事先准备好的发芽基质，将托盘中的基质均匀分成4部分，每部分播种50粒，即一个重复，把种子轻轻压入土壤中，使种胚与土壤紧密的接触。

7.4.2 方法二：卷纸法沙间播种

取两张浸透水分的发芽纸，并将塑料框架置于发芽纸上，在纸上均匀铺撒一层薄薄的砂土混合物。用数种板在铺好土的发芽纸上播放50粒种子，把种子轻轻压入土壤里，使种胚与土壤紧密的接触（附图7-1）。然后将充分浸透水分的发芽纸覆盖在上面。将发芽纸疏松的卷起，两端整平，放入12号自封袋内。

7.5 培养

将托盘或卷纸筒移入10℃低温下黑暗培养7 d，低温培养结束后将温度调至25℃

再培养 3～7 d。

7.6 数据记录

按 GB/T 3543.4 农作物种子发芽检验规程中正常幼苗和非正常幼苗的鉴定标准进行发芽率的统计（附图 7-2）。

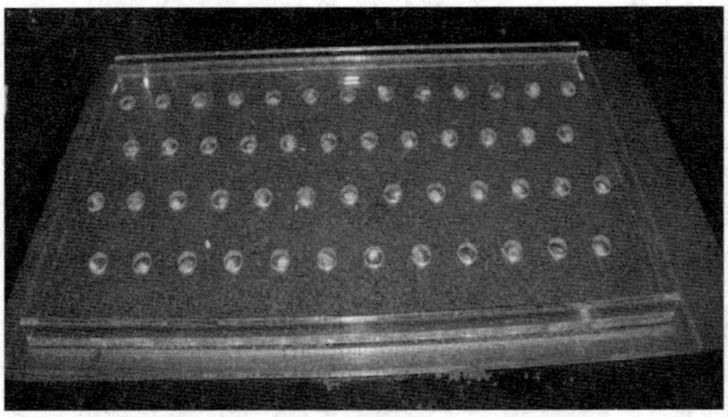

附图 7-1 种子置床

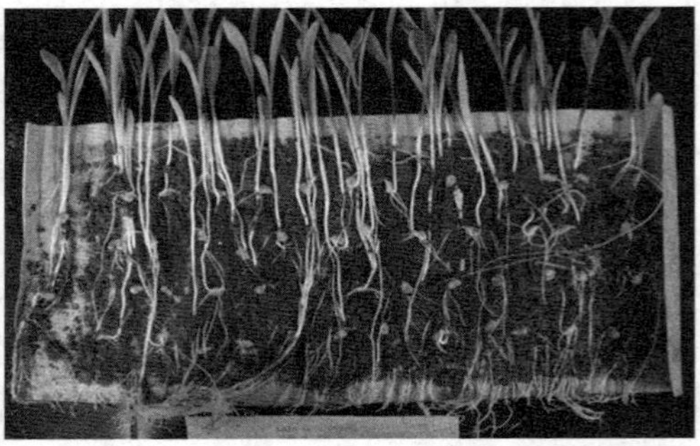

附图 7-2 幼苗检测

8 结果计算与表示

分别计算 50 粒种子的发芽率，并求得 4 次重复的平均值，表示种子活力的高低。

$$种子活力=\frac{末次计数正常幼苗数}{供检种子粒数}\times 100\%$$

当一个试验的 4 次重复间的差距超过附表 7-1 最大容许差距时，应采用同样的方法进行第二次试验。如果第二次结果与第一次结果相一致，即其差异不超过附表 7-2 中所示的容许差距，则将两次试验的平均数填报在结果单上。如果第二次结果与第一次结果不相符合，其差异超过表 2 所示的容许差距，则采用同样的方法进行第三次试验，填报符合要求的平均数结果。

9 结果报告

按照 GB/T 3543.4 的检验报告要求，对试样的检测结果进行填报。

附表 7-1 同一发芽试验 4 次重复间的最大容许差距(重复间比较时用)

平均发芽率/%		最大容许差距/%
50%以上	50%以下	
99	2	5
98	3	6
97	4	7
96	5	8

续附表7-1

平均发芽率/%		最大容许差距/%
50%以上	50%以下	
95	6	9
93～94	7～8	10
91～92	9～10	11
89～90	11～12	12
87～88	13～14	13
84～86	15～17	14
81～83	18～20	15
78～80	21～23	16
73～77	24～28	17
67～72	29～34	18
56～66	35～45	19
51～55	46～50	20

附表 7-2　同一或不同实验室来自相同或不同送验样品间发芽试验的容许差距

(两次试验间比较)

平均发芽率/%		最大容许差距/%
50%以上	50%以下	
98～99	2～3	2
95～97	4～6	3
91～94	7～10	4
85～90	11～16	5
77～84	17～24	6
60～76	25～41	7
51～59	42～50	8

注:表格引自 GB/T 3543.4—1995《农作物种子检验规程——发芽试验》。

不正常幼苗、硬实、新鲜不发芽种子和死种子的百分率按 4 次重复平均数计算。正常幼苗、不正常幼苗和未发芽种子百分率的总和必须为 100，平均数百分率修约到最近似的整数，修约 0.5 进入最大值中。